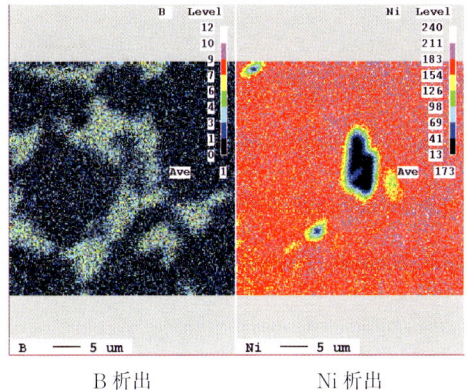

B析出　　　　　　　　Ni析出

図2.24　フュージング処理後の自溶合金溶射皮膜断面での
EPMA面分析結果

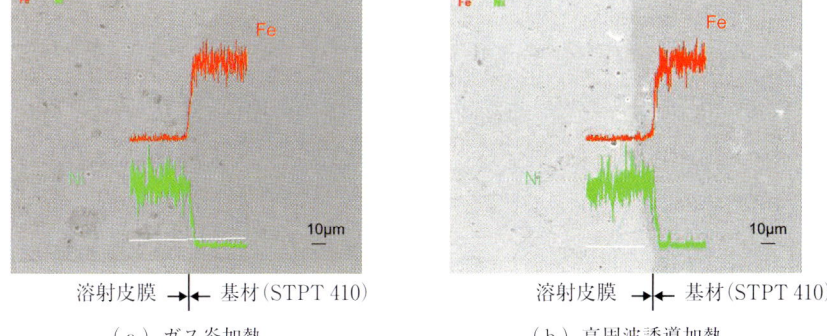

（a）ガス炎加熱　　　　　　　　（b）高周波誘導加熱

図2.25　フュージング処理後の自溶合金皮膜と基材間での拡散層形成

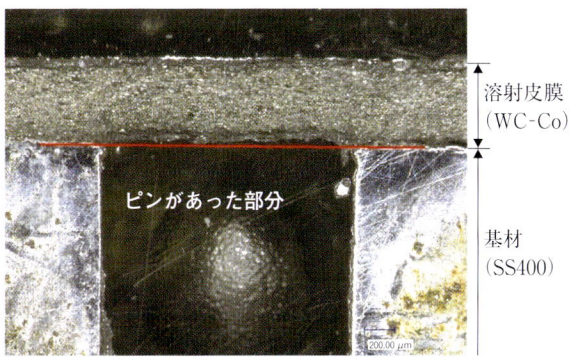

図3.8　WC-Co溶射試験片の引張試験後の断面ミクロ写真

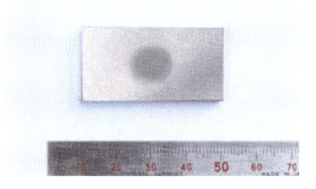
（a）SS400 基材

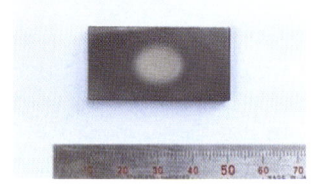
（b）HVOF 溶射した WC-10%Co 皮膜

（c）プラズマ溶射した Cr_3C_2-25% NiCr 皮膜

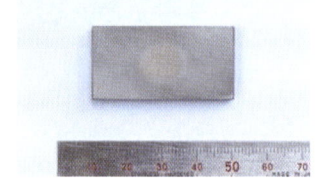
（d）フレーム溶射した自溶合金皮膜（SFNi 4）（フュージング処理あり）

図 3.50　ブラストエロージョン試験後の試験片表面（室温，衝突角度 60°）

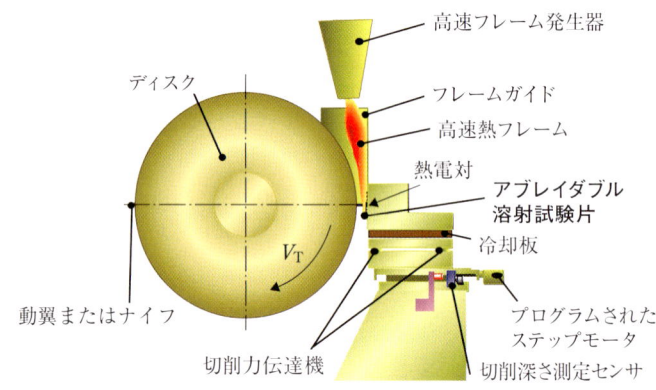

図 4.4　アブレイダブル試験装置の概略

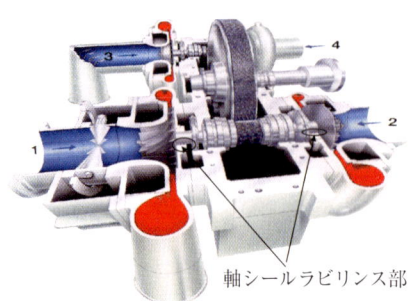

図 4.41　ギヤ内蔵型圧縮機

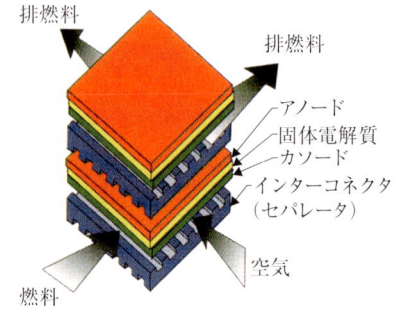

図 4.64　固体酸化物形燃料電池スタック構造

溶射技術とその応用

― 耐熱性・耐摩耗性・耐食性の
　　　　　実現のために ―

工学博士 園家 啓嗣 著

コロナ社

まえがき

　溶射法は，長い歴史のある表面処理技術の一つの厚膜形成技術である．溶射法は約半世紀前に考えられた手法で，おもに防食・防錆用に使用されていた．
　しかし，最近10年あまりの間にその技術レベルが格段に進歩してきた．溶射材料の製造技術の進歩により，より溶射に適した溶射粒子の製造が可能となり，また新しい材料も溶射材料として使用できるようになった．溶射装置の開発も進み，超高温のプラズマジェットを用いるプラズマ溶射法や，燃料ガスの爆発エネルギーを用いる高速フレーム溶射などの新しい溶射技術が開発され，今まで不可能であったセラミックス，サーメットなどの新しい溶射材料を使った溶射もできるようになった．その結果，溶射法は今までの防食・防錆用だけでなく，耐熱性，遮熱性，耐摩耗性，耐食性にも対応できる表面処理技術になった．
　近年，機械，装置類の使用環境は，高温，摩耗，腐食など，非常に苛酷な状況になっている．溶射法は，そのような厳しい環境下にも耐え得る表面処理技術として注目を浴びるようになった．そして，溶射技術は，火力発電，航空機，船舶，鉄鋼構造物などいろいろな産業分野で，耐熱性，遮熱性，耐摩耗性，耐食性を付与する手段として製品に適用されるようになった．
　本書では，各種製品の設計，製造に携わっている技術者，表面処理技術関係の仕事をされている技術者，また将来これらの分野に進まれる予定の学生を対象にして，耐熱性，遮熱性，耐摩耗性，耐食性を実現する溶射技術の知識とその応用例について記述した．
　今までに出版されたこの分野の書物は，一般的な知識を記載しているものがほとんどである．しかし，本当に必要とされていることは，溶射技術に関する基礎的な知識を単に習得するだけでなく，溶射技術を実際に応用できるように

まえがき

なることである。したがって，本書では，耐熱性，遮熱性，耐摩耗性，耐食性を実現するために用いる溶射材料と溶射プロセス，そのために必要な溶射皮膜の評価法などについてできるだけ具体的に説明し，理解できるようにした。また，筆者が今まで企業経験も含めて長年行ってきた，溶射技術を実際の装置・機械へ適用するための研究開発例についても説明し，溶射技術がどのようにして製品に応用されるかを理解できるようにした。そして全体を通してできるだけ図や写真および表を使って，視覚的にわかりやすくなるように心掛けた。

本書の構成は4章からなっている。

1章では，いろいろな表面処理法の説明および，その中での溶射法の特徴と位置付けについて説明している。

2章では，溶射法の種類とその特徴，およびブラスト処理などの前処理，後処理を含めた溶射施工の全体の流れと，更に皮膜除去法について述べている。

3章では，溶射皮膜の耐熱性，遮熱性，耐摩耗性，耐食性などの諸性質，およびそのために必要な評価法について述べている。皮膜の密着性を始めとして皮膜の評価は非常に重要な項目であるため，具体的な事例を用いて説明した。またセラミックス皮膜では脆さも課題となるので，靭性の評価法についても示した。

4章では，溶射技術を実際の製品に応用するために，筆者が今までに携わった研究開発事例などをおもに説明している。

終りに，溶射研究のためにサンプル支援，貴重なアドバイスをいただいたスルザーメテコジャパン株式会社の佐々木光正氏には厚く御礼を申し上げたい。溶射実験を手伝っていただいた山梨大学工学部，機械システム工学科の園家研究室の学生諸君には謝意を表したい。末筆ながら，出版をご了承いただいたコロナ社には厚くお礼を申し上げる。

2013年7月

園家 啓嗣

目　　　　次

1　表面処理技術

1.1　表面処理の分類 ·· 1
1.2　他の表面処理と比較した溶射の特徴 ··· 4

2　溶射法

2.1　溶射法の種類 ·· 6
2.2　ガス式溶射 ··· 7
　2.2.1　フレーム溶射 ·· 7
　2.2.2　高速フレーム溶射 ·· 10
　2.2.3　爆発溶射 ·· 12
2.3　電気式溶射 ··· 12
　2.3.1　アーク溶射 ··· 12
　2.3.2　プラズマ溶射 ··· 14
　2.3.3　その他の溶射法 ·· 16
2.4　溶射材料 ·· 19
2.5　溶射に必要な前処理および後処理 ·· 24
　2.5.1　前処理 ··· 24
　2.5.2　後処理 ··· 26
　2.5.3　自溶合金溶射皮膜のフュージング処理 ··· 26
　2.5.4　溶射皮膜の除去 ·· 30

- 2.6 溶射皮膜の形成 ……………………………………………………… 32
- 2.7 溶射粒子の飛行速度および温度 …………………………………… 33
  - 2.7.1 溶射粒子の飛行速度 …………………………………………… 33
  - 2.7.2 溶射粒子の温度 ………………………………………………… 33

3 溶射皮膜の特性および評価

- 3.1 密着性 …………………………………………………………………… 35
  - 3.1.1 接着剤を用いる引張試験 ……………………………………… 36
  - 3.1.2 引張型ピンテスト ……………………………………………… 40
  - 3.1.3 樹脂の離脱性 …………………………………………………… 44
- 3.2 硬さ ……………………………………………………………………… 45
- 3.3 気孔率 …………………………………………………………………… 47
- 3.4 耐熱性・遮熱性 ………………………………………………………… 48
  - 3.4.1 耐熱性 …………………………………………………………… 48
  - 3.4.2 遮熱性 …………………………………………………………… 56
- 3.5 被切削性（アブレイダビリティ）…………………………………… 59
- 3.6 耐食性 …………………………………………………………………… 62
- 3.7 耐摩耗性 ………………………………………………………………… 68
  - 3.7.1 切削摩耗 ………………………………………………………… 68
  - 3.7.2 ブラストエロージョン ………………………………………… 73
- 3.8 破壊靭性 ………………………………………………………………… 82
- 3.9 溶射皮膜の変質 ………………………………………………………… 87
- 3.10 電気的性質 ……………………………………………………………… 89
- 3.11 残留応力 ………………………………………………………………… 91

4 溶射技術の応用

- 4.1 航空機のジェットエンジン ……………………………………………… 92
  - 4.1.1 熱サイクル特性 ……………………………………………………… 92
  - 4.1.2 ジェットエンジンにおけるアブレイダビリティ ………………… 97
  - 4.1.3 耐 摩 耗 性 …………………………………………………………… 99
- 4.2 内燃機関ピストン ………………………………………………………… 100
- 4.3 半導体製造装置（アーム部）…………………………………………… 102
- 4.4 火力発電ボイラ …………………………………………………………… 103
  - 4.4.1 オリマルジョン焚ボイラ火炉壁 ………………………………… 105
  - 4.4.2 微粉炭焚ボイラ火炉壁 …………………………………………… 106
  - 4.4.3 加圧流動層ボイラ層内管，火炉壁管 …………………………… 106
  - 4.4.4 循環流動層ボイラ火炉壁 ………………………………………… 107
- 4.5 ボイラ用通風機 …………………………………………………………… 107
- 4.6 プラスチックシート製造用ロール ……………………………………… 110
- 4.7 舶用ディーゼルエンジン ………………………………………………… 117
  - 4.7.1 タービンハウジング ……………………………………………… 117
  - 4.7.2 ピストンリング溝 ………………………………………………… 121
- 4.8 航空機のランディングギヤ ……………………………………………… 124
- 4.9 圧 縮 機 ……………………………………………………………………… 124
  - 4.9.1 大 気 圧 縮 機 ………………………………………………………… 124
  - 4.9.2 酸 素 圧 縮 機 ………………………………………………………… 128
- 4.10 鉄 鋼 構 造 物 ……………………………………………………………… 134
- 4.11 自動車摺動部品 …………………………………………………………… 138
  - 4.11.1 ターボコンプレッサハウジング ………………………………… 140
  - 4.11.2 バルブリフタ ……………………………………………………… 140
  - 4.11.3 ピストンリング …………………………………………………… 140
  - 4.11.4 シンクロナイザリング …………………………………………… 141
  - 4.11.5 シフトフォーク …………………………………………………… 141

4.12 環境を考慮した溶射法 ·· 141
　4.12.1 粗面化処理を省略する溶射法 ··· 141
　4.12.2 ボイラ溶射のライフサイクルアセスメント（LCA）···················· 142
4.13 固体酸化物形燃料電池（SOFC）··· 146
4.14 スプレーフォーミング ··· 150
4.15 コールドスプレーの適用検討例 ·· 152
4.16 プラスチック溶射の適用例·· 154

索　　引·· 155

1 表面処理技術

　産業界は最近目覚ましく進歩してきた。それに伴って，機械・装置の使用環境はますます厳しくなっている。その表面状況は，それらの性能，寿命を支配する重要な要因となっており，その高性能化と寿命延伸が熱望されている。また，表面に特殊な機能（電気的特性，光学的特性）を付与して新しい材料を創成することも積極的に推進され，実用化されているものもある。
　本章では，このように産業界で広く使用されるようになってきている表面処理技術について説明する。

1.1 表面処理の分類

　表面処理は，材料の表面を処理加工することであり，大きく分けて材料の表層の組織を改質する処理と，材料の表面に別の材料を被覆する改質法に分けられ，**表 1.1**，**表 1.2** のように分類できる。

〔1〕 材料の表面層の組織を改質する処理

① 表面熱処理

　表面熱処理は，表面焼入れと，窒化，浸炭などの熱拡散処理に分類できる。加熱によって表面処理を行うので，材料表面では原子の拡散が必ず生じている。

② イオン注入

　イオン注入は，イオン化された原料物質を電極によりイオンビームとして取り出し，加速器で運動エネルギーを与え，基板に打ち込む方法である。

1. 表面処理技術

表1.1 表面組織変化による改質

処理法		おもな用途
大分類	中分類	
表面熱処理	表面焼入れ，浸炭，窒化，拡散浸透	耐摩耗性，耐疲労性，摺動特性
イオン注入	高エネルギー注入，中エネルギー注入	電気特性，耐摩耗性，耐熱性
陽極酸化	鉄鋼への陽極酸化，非金属への陽極酸化	耐食性，耐摩耗性，着色
化成処理	リン酸塩処理，リン酸鉄処理，クロメート処理	塗装下地，耐食性，摺動特性
ショットピーニング	中・低速ショット，高速ショット	耐疲労性，スケールの除去

表1.2 表面被覆による改質

処理法		おもな用途
大分類	中分類	
ライニング	樹脂ライニング，ガラスライニング	耐食性，耐摩耗性
塗装	スプレー塗装，静電塗装，電着塗装，粉体塗装	耐食性，装飾性
湿式めっき	電気めっき，化学めっき（無電解めっき）	耐食性，耐摩耗性，装飾
乾式めっき（気相）	物理蒸着（PVD），化学蒸着（CVD）	耐摩耗性，摺動特性，光学特性
溶融めっき	溶融亜鉛めっき，溶融アルミニウムめっき	耐食性
溶融処理	クラッディング，アロイング，グレージング	耐摩耗性，耐食性，耐熱性
溶射	ガス式溶射，電気式溶射	耐摩耗性，耐食性，熱疲労

③ **陽極酸化**

金属を陽極にして電解質水溶液の電気分解によって，陽極金属の表面に酸化皮膜を形成する処理を陽極酸化という。アルミニウム（Al），チタン（Ti），マグネシウム（Mg）などの軽金属に適用される。

④ **化成処理**

処理水溶液中に金属を浸漬し，その表面に酸化物や化合物の皮膜を形成する方法を化成処理と呼ぶ。金属の防錆に利用され，りん酸塩処理，クロメート処

理などがある。

⑤ ショットピーニング

アルミナ（Al_2O_3）などの硬質の粒子を衝突させて，材料表面に塑性変形層を形成させて，硬化させる手法である。

〔2〕 材料表面に別の材料を被覆する改質法

① ライニング

化学プラントの内面の防食のため，物体に高分子化合物（樹脂）を厚く被覆する方法である。

② 塗　　装

大気中での鉄鋼の防食および美観を目的とし，有機質，特に高分子化合物を鉄鋼に被覆する方法である。ライニングより被覆厚みが薄く，ライニングとは施工法が異なるほかは本質的な差はない。

③ 湿式めっき

化学（無電解）めっきと，電気（電解）めっきがある。化学めっきは，化学反応を利用して水溶液中から金属を処理物表面に被覆する方法である。電気めっきは，めっき浴中に設置した電極表面で強制的に電子をやり取りし，水溶液中に存在する金属イオンを析出させる方法である。

④ 乾式めっき（気相）

物理蒸着法（PVD）と，化学蒸着法（CVD）に分かれる。物理蒸着法は，真空蒸着，スパッタリングおよびイオンプレーティングに分類される。

真空蒸着は，10^{-2} Pa以下の減圧状態で蒸発材料を加熱して蒸発させ，基材上に皮膜を堆積させる。スパッタリングは，減圧状態でイオン化した気体粒子をターゲットに衝突させ，叩き出された原子または分子が基材上に堆積し皮膜が形成される。イオンプレーティングは，真空中で蒸発した金属や化合物のガスが，イオン化した負の電圧に印可された基材に叩き付けられて皮膜を形成される。

⑤ 溶融めっき

溶融めっきは，溶融金属中に処理物を浸漬して表面に溶融金属の皮膜を形成

する方法である。溶融亜鉛めっきや溶融アルミニウムめっきなどがある。

⑥ 溶融処理

レーザ，電子ビーム，プラズマアークなどを用い，材料表面を高速加熱して局部的に溶融する。処理物表面を単純に溶融する表面溶融処理，処理物とは異なる表面層を形成するクラッディング（肉盛）およびアロイング（合金化）がある。

⑦ 溶射

溶射（spraying）は，図1.1に示すように燃焼炎または電気エネルギーを用いて溶射材料を加熱し，溶融またはそれに近い状態にした粒子を物体表面に吹き付けて皮膜を形成する方法である。溶射材料としては金属，セラミックス，サーメット，プラスチックなど広範囲のものが適用できる。

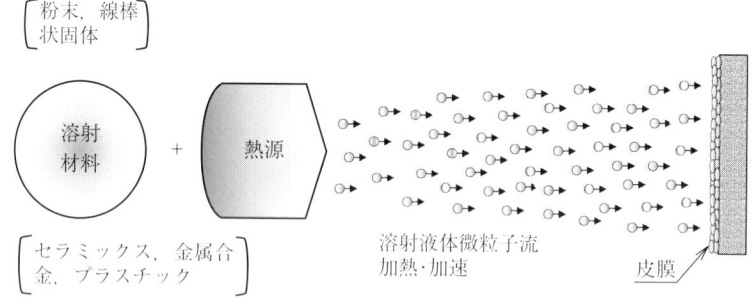

図1.1 溶射法の概略

1.2 他の表面処理と比較した溶射の特徴

表面処理法にはいろいろな種類がある。その中で，溶射は以下のような長所，短所を有している。

〔1〕 溶射の長所

① ほとんどの材質の基材（金属，セラミックス，有機材料，木材，布，紙）に対して皮膜を形成できる。

② 選択できる溶射材料の種類が非常に多い。例えば，金属，合金，セラミックス，プラスチック，また，それらの複合材料の溶射も可能である。
③ 1層ごとに溶射材料の種類を変えて溶射する多層皮膜や，1パスごとに溶射材料の組成を変化させていく傾斜組成皮膜を，比較的容易に形成できる。
④ 基材の寸法に制限がなく，小形のものから大形のものまで溶射できる。また，大形基材の限定された部分のみに対しても施工ができる。
⑤ 溶射による基材への熱の影響が少なく，基材が受ける熱ひずみも小さい。
⑥ 皮膜の形成速度が，他の表面処理と比べてきわめて高い。
⑦ 溶射装置は比較的軽量で，大気中で溶射できるため，現場での溶射施工が容易である。

〔2〕 溶射の短所
① 溶射する前に，粗面化処理としてブラスト処理を必要とする。その際，ブラスト材（アルミナ，鋳造グリッドなど）の微粒子が大気中へ飛散するため，作業には環境上の配慮が必要である。
② 狭所や曲面などを溶射する場合は，正確な膜厚コントロールが難しい場合がある。
③ 溶射中は溶射材料粉末が大気中に飛散し，反応生成物であるヒュームも発生する。また，強烈な光を発生し，騒音も生じて作業環境が悪く，人体に有害である。そのため，溶射施工のための防御設備が必要である。
④ 付着効率が低く，特に小さい物体や曲率の大きい面などを溶射するときは付着効率が著しく低くなる。

　本章では各種の表面処理法の概略と溶射の特徴をまとめた。表面処理法はそれぞれ特徴を有しており，目的や対象に応じて必要とされる性能や機能，さらにコストも異なる。したがって，適材適所で適切に選択していくことが望ましい。

2 溶 射 法

溶射の歴史は古く，1909年にスイスのショープ（Schoop）博士が，金属の溶湯をガス炎で加熱した高温の空気流に注ぎ，基材面へ吹き付ける方法を初めて考えて特許も出願した。本格的に工業に使用されるようになったのは，第二次世界大戦後である。日本へは1919（大正8）年に，当時時計を輸入するためスイスに渡っていた江沢謙次郎により，ショープ博士からガス式装置を購入して持ち込まれた。本章では溶射法について説明する。

2.1 溶射法の種類

溶射法は，図2.1のように溶射材料を加熱する熱源によって，酸素と可燃性ガスの燃焼エネルギーを用いるガス式と，電気エネルギーを用いる電気式に大別される。ガス式溶射には，古くから用いられているフレーム溶射，フレー

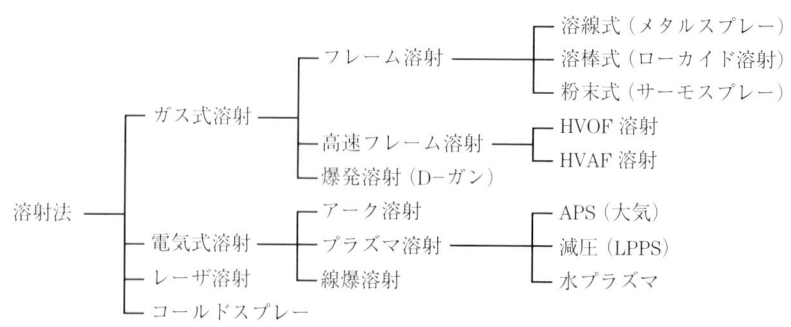

図2.1 溶射法の種類

ム速度が速い高速フレーム溶射，爆発溶射（D-ガン）などがある。電気式溶射には，古くからあるアーク溶射，プラズマジェットを用いるプラズマ溶射，日本独自の溶射法である線爆溶射などが挙げられる。

2.2　ガス式溶射

2.2.1　フレーム溶射

フレーム溶射は，酸素-燃料ガスの燃焼炎を熱源とし，溶線式（メタルスプレー），溶棒式（ローカイド溶射），粉末式（サーモスプレー）がある。

溶線式フレーム溶射は，図2.2に示すように，溶射ガンの中心後方から送られる線状の溶射材料を，酸素-燃料炎によって溶融し，周りから出る圧縮空気で溶滴として基材表面に吹き付けて皮膜形成する方法である。

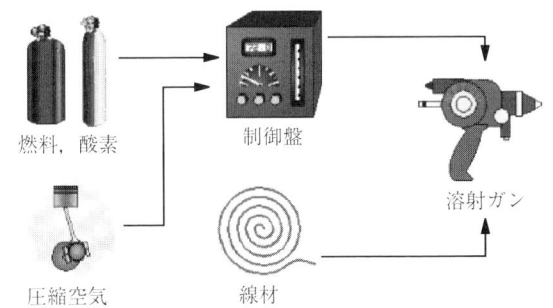

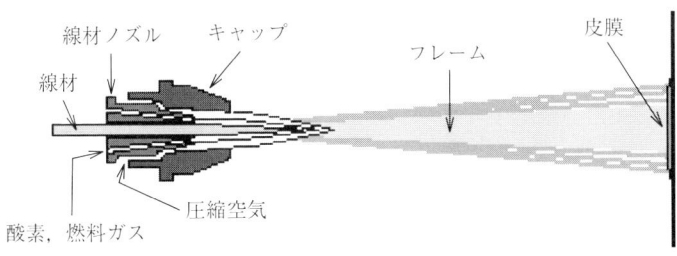

図2.2　溶線式フレーム溶射の概要

2. 溶射法

溶棒式フレーム溶射は，溶線式フレーム溶射が線（ワイヤ）状の溶射材料を用いるのに対して，棒状の溶射材料を溶射ガンの中央後方から送るフレーム溶射である。

溶線式フレーム溶射では金属皮膜が形成されるのに対して，溶棒式フレーム溶射は酸化アルミニウム（アルミナ），酸化クロムなどの酸化物セラミックス材料を皮膜形成するために用いられる。ガン構造から燃焼発熱量が限定され，プラズマ溶射のような大きな成膜速度は得られない。

一方，粉末式フレーム溶射は，図2.3に示すように，材料を粉末の形で燃焼炎中に送り，溶融させて基材上に衝突させ積層させる溶射法である。

溶射材料の溶融および加速は燃焼炎（フレーム）で行うため，溶融粒子の速度は遅く，得られる皮膜は図2.4に示すように空孔が多い皮膜となる。

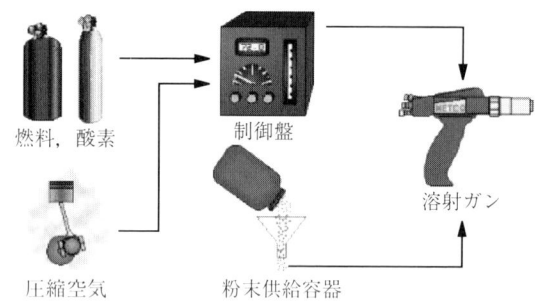

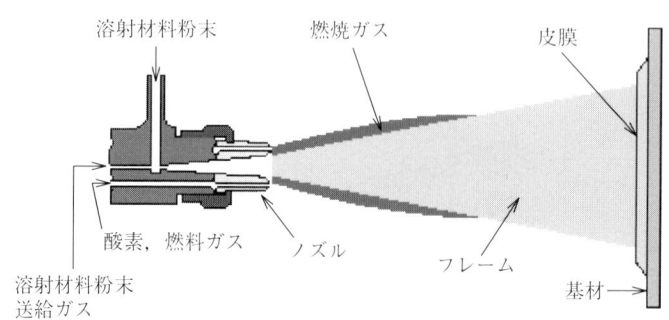

図2.3 粉末式フレーム溶射の概要

2.2 ガス式溶射   9

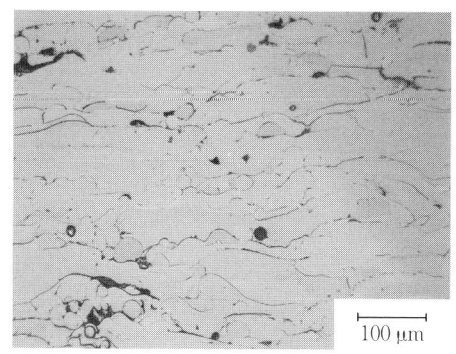

図 2.4 粉末式フレーム溶射で形成したNiCr皮膜の断面

また，溶射材料にポリエチレン，ナイロン，エポキシなどのプラスチックを使用する場合は，プラスチック粉末が直接高温火炎に触れると熱分解や酸化劣化するので，これを防ぐため，溶射ガンは粉体吐出ノズルの周囲から冷却空気が流れる構造にしている（図 2.5）。

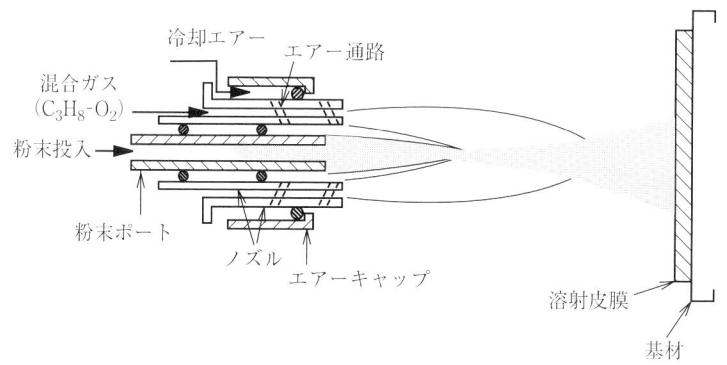

図 2.5 プラスチック溶射ガンの概要

プラスチック溶射は，皮膜のクラックやはく離を防ぐために，基材（鋼材）をプラスチック材料の融点以上に予熱することが不可欠である。また，プラスチック溶射は耐海水性や耐食性に優れているため，海洋構造物などへ適用されつつある。

2.2.2 高速フレーム溶射

近年,粉末式フレーム溶射によって生成される皮膜の緻密性を向上させるために,高速フレーム (HVOF：high velocity oxygen fuel) 溶射が開発された。高速フレーム溶射は,図 2.6 に示すように,ガス炎を熱源とするフレーム溶射の一種である。溶射ガンは,燃焼室およびバレルから構成されている。

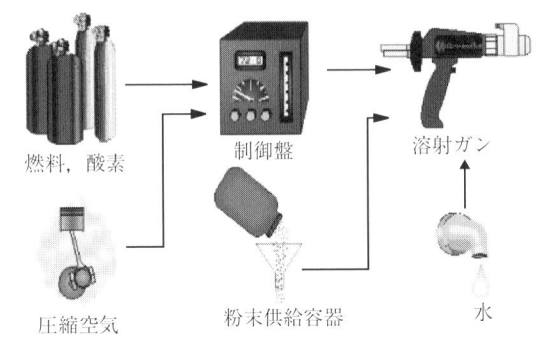

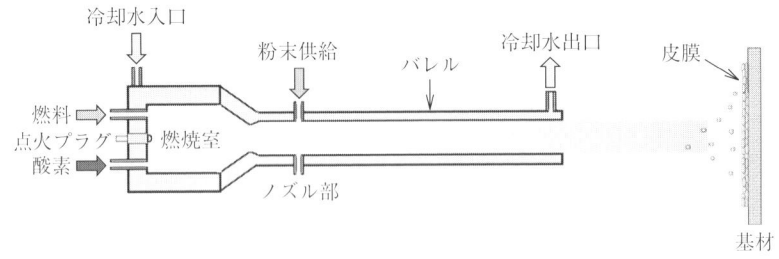

図 2.6　高速フレーム溶射の概要

燃料には,プロパン,プロピレン,ヘプタンや水素が用いられ,液体状のケロシンを霧状にして用いる方法も開発されている。また酸素に替えて,空気を使用する手法 (HVAF：high velocity air-fuel) もある。HVOF 溶射で使用される溶射材料は,おもに炭化タングステン-コバルト (WC-Co),Cr_3C_2-NiCr などのサーメットである。

高速フレーム溶射は粉末式フレーム溶射よりも燃焼室の圧力を高めることに

より，連続燃焼炎でありながら爆発溶射炎に匹敵する高速火炎を発生させる。溶射粉末が高速火炎に投入され，溶射粉末が高速度で基材に衝突してち密な膜を形成する。

図 2.7 に HVOF 溶射によって得られた WC-10%Co 皮膜の断面組織を示す。Co のマトリックスに WC の粒子が分散する緻密なサーメット組織（炭化物，窒化物，酸化物などのセラミックスと金属との複合材料）が得られる。また，連続的に皮膜が形成されるので爆発溶射法より皮膜形成速度を大きくできる。

HVOF 溶射で得られる皮膜は密着性も大幅に改善されるため，対象範囲が著しく広がった。おもに各種の部材に耐摩耗性を付与するために用いられている。

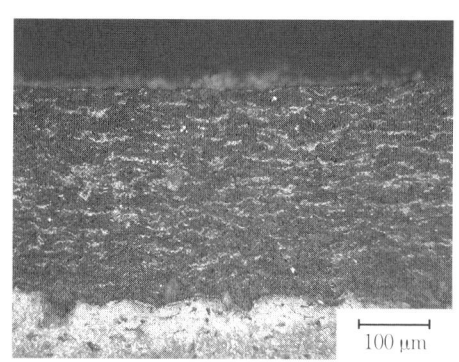

図 2.7　HVOF 溶射で形成した WC-10%Co 皮膜の断面

コーヒーブレイク

戦前の溶射

太平洋戦争前の溶射は，アーク溶射，フレーム溶射のみでポーラスな皮膜であった。溶射適用例としては，東京株式取引所，三越呉服店，朝鮮総督府，郵船ビルディングなどの建築物や，美術品へ施工された。また，潜水艦や魚雷などにも適用されている。さらに，特記すべき例として，渡辺長男作の明治天皇の等身大御尊像への適用が挙げられる。熱源としてプラズマを利用できるようになってから，プラズマ溶射が使われるようになり，溶射材料の適用範囲が拡大し，溶射皮膜の気孔率も低くなった。

2.2.3 爆発溶射

爆発溶射は，**図2.8**に示すようにそのメカニズムはフレーム溶射と同様であり，燃料ガスのアセトンと酸素の混合により爆発燃焼を起こし，溶射材料を溶融加速して基材に衝突させて皮膜を形成させる。燃焼温度は3 000 ℃で，溶融粒子の飛行速度は前述のHVOF溶射並みの高速となることから，非常に緻密な密着性の優れた皮膜が得られる。各種の酸化物系セラミックスやWC–Coなどのサーメットの溶射に用いられる。

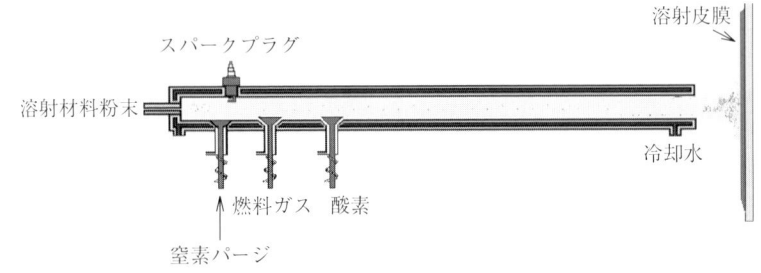

図2.8　爆発溶射の概要

2.3　電気式溶射

2.3.1　アーク溶射

アーク溶射は，**図2.9**に示すように，ノズルから2本の線状の溶射材料を送り出し，2本の線の先端で短絡しアークを発生させて溶融させる。溶融した粒子は圧縮空気によって基材へ吹き付けられ，皮膜を形成する手法である。電気アークを発生させるために金属性の溶射材料が用いられる。

アーク溶射は亜鉛やアルミニウムの防食溶射によく適用される。溶射の際，溶解粒子は酸化されやすいため，溶射皮膜の組成は若干溶射材料とは異なる場合がある。アーク溶射したZn/Al皮膜組織断面の一例を**図2.10**に示す。

2.3 電気式溶射　13

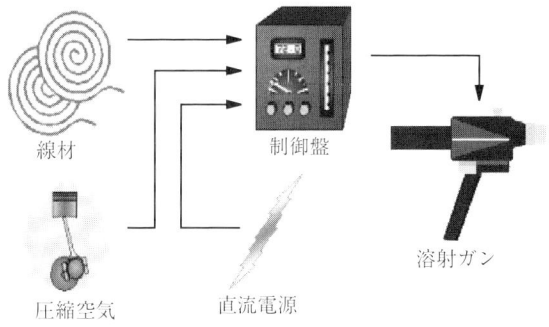

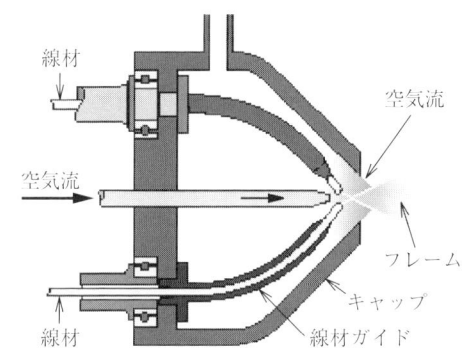

図2.9　アーク溶射の概要

100 μm

図2.10　アーク溶射したZn/Al皮膜組織の断面

2.3.2 プラズマ溶射

気体は高温になると，原子が電子と正イオンに分解する。これを電離といい，電離した気体をプラズマと呼ぶ。プラズマ溶射は，正，負の電極間に点弧したアーク放電により形成されるプラズマジェットを熱源とする。

大気プラズマ溶射（APS：atmospheric plasma spraying）は，図 2.11 に示すように，プラズマ溶射ガンで生じる高温プラズマジェットを用いて溶射材料を

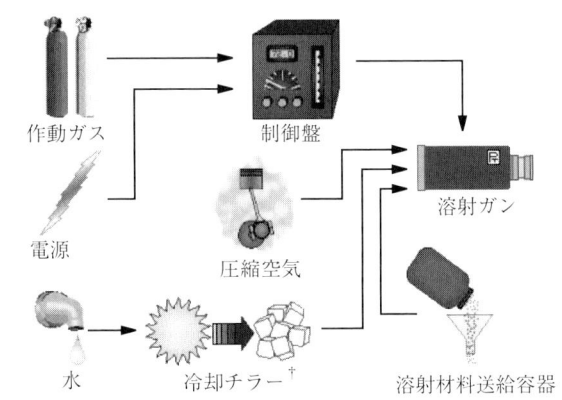

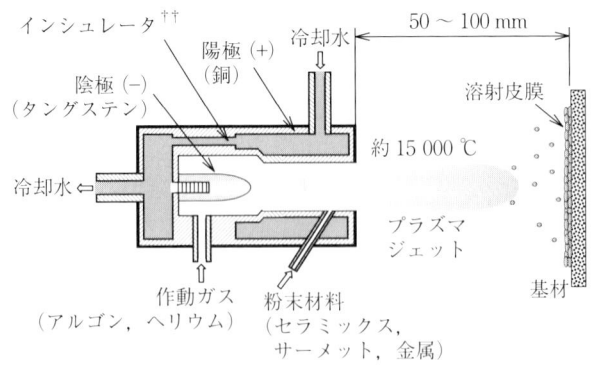

図 2.11 プラズマ溶射の概要

---

† 水を用いて冷却する装置で，冷媒を使った冷凍機と水を循環させる水回路からなり，冷媒と水は熱交換を行っている。
†† セラミックス製の電気的絶縁体。

加熱・加速し，溶融またはそれに近い状態にして基材に衝突させて皮膜を形成するものである。プラズマジェットの温度は大気中で 10 000 ℃ 以上になるため，セラミックスなどの高融点材料の溶射に適している。しかし，大気中で溶射するため，皮膜の酸化や変質が生じることがある。

プラズマ溶射は，作動ガスとしてアルゴン，ヘリウム，窒素などの不活性または水素などの還元性ガスが用いられる。図 2.12 に SUS304 にプラズマ溶射した 50%Cr-50%Ni 皮膜の断面を示す。

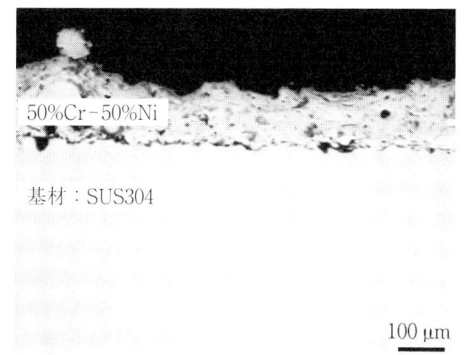

図 2.12　プラズマ溶射した 50%Cr-50%Ni 皮膜の断面

一方，水の分解ガスを用いる水プラズマ溶射がある。水プラズマ溶射は，ガン中に供給した水を高速旋回させ，中心部の空間に発生したアーク放電によって水が分解して発生した酸素と水素を作動ガスとしている。この手法はプラズマ溶射より高温のプラズマジェットが得られるため，高融点セラミックスの厚膜溶射や大形処理物を溶射する場合は有益である。

プラズマ溶射は，熱源の温度が高いため大気中で溶射すると溶射材料によっては酸化，変質が生じることがある。酸化や変質を防ぐために真空容器内で数十 Torr の不活性ガス中でプラズマ溶射を行う減圧プラズマ溶射（LPPS：low pressure plasma spraying）が開発された。

図 2.13 に減圧プラズマ溶射の概要を示す。大気中よりも高温プラズマジェットが長く，流速も速くなるため，より緻密で密着性の優れた皮膜が形成される。ただし，真空容器内での溶射であるため，適用できるものの形状や寸

16　2. 溶射法

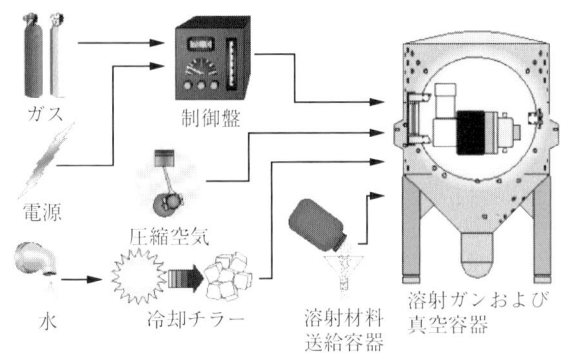

図 2.13　減圧プラズマ溶射の概要

法に制約を受ける。

　線爆溶射は，線状にした金属の溶射材料に瞬間的に高電圧を通電して，爆発的に溶融，飛散させて，その微粒子を基材に高速で吹き付けて皮膜を形成する方法である。パイプなどの内面被覆ができ，緻密な皮膜が得られる。タングステンなどの導電性の金属の皮膜形成に用いられる。得られる膜厚は数 µm 程度である。

2.3.3　その他の溶射法

　その他の溶射法としてレーザ溶射がある。レーザ溶射は，大出力の CO_2 レーザビームを溶射熱源とする新しい溶射法である。例えば，図 2.14 に示すようにレンズで集光したレーザビームの焦点に線状または粉末状の溶射材料を供給

2.3 電気式溶射   17

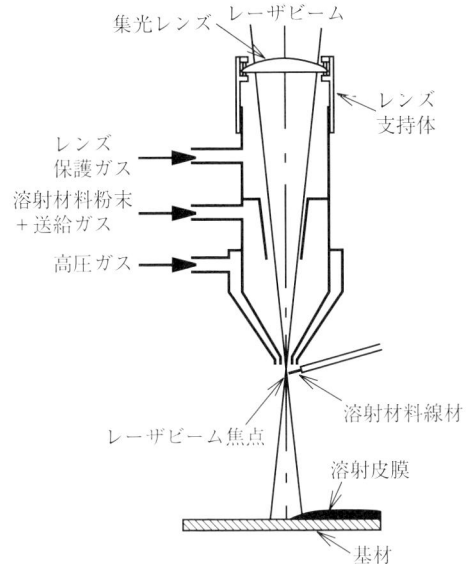

図 2.14　レーザ溶射の概要

し，溶融された線材を高圧ガスジェットで微粒子として基材表面に吹き付け，皮膜を形成する。これにより非常に緻密な皮膜が得られる。

　レーザビームを基材に直接照射しないため，基材を損傷させない。また，微小部分への溶射も可能である。

　レーザを用いた溶射のほかに，最近研究が盛んになってきたコールドスプレーを取り上げる。

　図 2.15 に，各種溶射法の粉末粒子を加熱・加速するガス温度と粒子速度の関係を示す。アーク溶射やプラズマ溶射は，高温で吹き付ける温度重視型である。一方，ガス式溶射の爆発溶射（D-ガン）や高速フレーム溶射は，高速で吹き付ける速度重視型である。この速度重視型の顕著なプロセスが，A. N. Papyrin 博士により発明されたコールドスプレーである。

　コールドスプレーは，図 2.16 に示すように粉末材料の融点より低い温度（常温〜1 000 ℃程度）の作動ガスを，先細末広形のラバルノズルにより超音速流にし，その流れの中に溶射粉末を投入して加速させ，固相のままで基材に高速で衝突させて皮膜を形成させる方法である。この方法では，溶射粉末が低

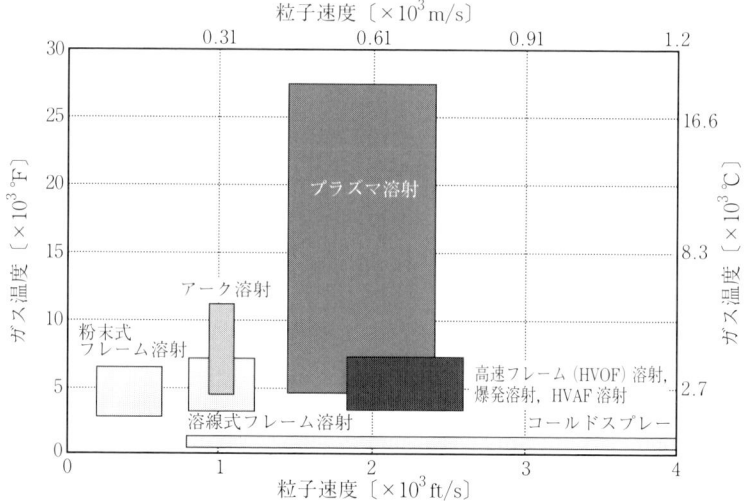

図2.15　各種溶射法のガス温度と粒子速度の比較

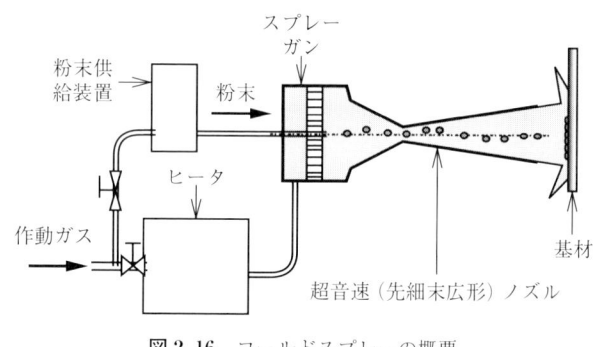

図2.16　コールドスプレーの概要

温の不活性ガス中を数ミリ秒の短時間で基材に衝突するため，形成された溶射皮膜は，酸化・変質がほとんどないという特徴がある。また，付着率も非常に高く，銅などでは90％以上の値が得られる。

　また，新しい手法として，図2.17に示すようなプラズマ・YAGレーザ複合溶射がある。

　これはプラズマ溶射とレーザ照射を同時に行う複合溶射である。プラズマ・

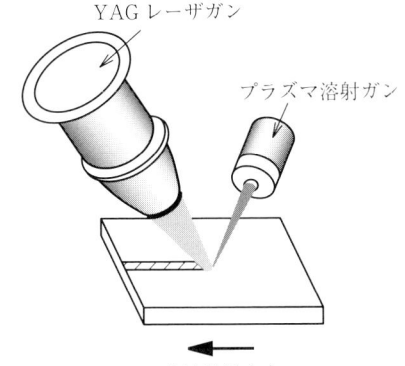

図2.17 プラズマ・レーザ複合溶射の概要

YAGレーザ複合溶射を ZrO_2 皮膜などのセラミックス皮膜に適用した場合，プラズマ溶射のみを行った溶射皮膜でよく認められる未結合部，垂直なマイクロクラックなどの気孔は大幅に減少し，皮膜組織は緻密になる。それによって粒子間結合力も強化される。

2.4 溶射材料

溶射材料は，熱源によって加熱・溶融し高速で基材に衝突させて皮膜を形成させるための材料である。新しい溶射法が開発され，溶射材料の調整・製造法も進歩したため，ほとんどすべての固体材料を溶射できるようになった。溶射材料の形態には，線材，棒材および粉末がある。

(1) 線　　材

フレーム溶射，アーク溶射で用いられる金属や合金の溶射材料は，一般的に線材である。線材には，耐食性用として亜鉛 (Zn)，アルミニウム (Al)，銅 (Cu) および銅合金，スズ (Sn)，ニッケル (Ni)，ニッケル-クロム合金 (Ni-Cr)，チタン (Ti) などがある。耐摩耗性用にはモリブデン (Mo)，鉄 (Fe) および炭素鋼が挙げられる。また，肉盛用には，軟鋼，ステンレス鋼，Ni-Cr 鋼などが用いられる。

(2) 棒　　材

棒材は，溶棒式フレーム溶射に用いられる。耐熱性のためには酸化ジルコニウム系が用いられ，酸化アルミニウム系，酸化クロム系は耐摩耗性および耐薬品性として用いられる。

(3) 粉　　末

粉末は，一般的なプラズマ溶射，爆発溶射，および一部のフレーム溶射に用いられている。一般の金属，合金，セラミックスや，硬くて脆いため線材にできない金属，サーメット，プラスチックなど，あらゆる種類の溶射材料が，比較的容易に粉末状にできる。

溶射材料は，溶射ガンへの送給経路で流動性がよく，送給速度も安定して一定に保たれなければならないため，粉末粒子の形状が球状，またはそれに近いものが適している。また，粒子サイズも小さいと流動性が悪くなり，大きいと溶融しにくくなるため，適切な範囲（粒径：5～100 μm）の溶射粉末が使用される。

溶射に適した粉末の製造法には，アトマイズ法（噴射法），インゴット粉砕法，焼結粉砕法，造粒法などがある。

① アトマイズ法

溶融している金属にガスまたは水の霧状の噴流を噴霧して粉末にする方法で，合金粉末が得られる。この粉末は酸化しているので，還元して金属粉末を作製する。ガスで噴射した場合は球状，水で噴霧した場合は不規則形状のものが得られる。

② インゴット粉砕法

金属材料を溶融，凝固させたインゴットを，スタンプミルやボールミルによって粉砕して粉末を作製する方法である。経済的に粉末が製造できる。一般的に，金属や合金および酸化物系セラミックスの粉末を製造する場合に用いられる。

③ 焼結粉砕法

異なる材料を混合し，焼結後スタンプミルやボールミルによって粉砕して粉

末を作製する方法である．WC-Coのようなサーメット粉末を作製する場合によく用いられる．

④ 造　粒　法

微粉末を混合し，適当な大きさの粒子に固めて焼結し，分級して粉末を作製する方法である．形状は比較的滑らかな球状のものが得られるため，アトマイズ法によって作製された粉末と同様に溶射用に適している．

溶射粉末の種類は多いが，以下に一般的によく使用される粉末について概説する．

金属および合金粉末として，亜鉛（Zn），アルミニウム（Al），チタン（Ti），モリブデン（Mo）などの純金属および，ステンレス鋼，ニッケル－クロム，ニッケル－アルミニウムなどの合金がある．これらの溶射材料は耐食性や耐熱性のために用いられており，セラミックス溶射の下地溶射皮膜としても使用される．

また自溶合金は，溶射後に再加熱して溶融（フュージング処理）するため空孔がほとんどなくなり，熱拡散によって基材との密着性が非常によくなる．耐食性，耐熱性，耐摩耗性を付与するために多くの種類の自溶合金があり，表2.1のようにJIS規格（JIS H 8303）に規定されている．自溶合金溶射材料はニッケル（Ni）基，コバルト（Co）基に，ホウ素（B），ケイ素（Si）および炭素（C）が添加されており，さらに硬質のタングステンカーバイド（WC）を添加したものもある．ホウ素および炭素は金属中のクロム（Cr）と化合して硬質のホウ化物や炭化物を生成するため，硬さを上昇させて耐摩耗性の向上に有効に働く．

表2.1に自溶合金溶射材料の種類，化学組成と配合比を，**表2.2**に溶射皮膜の引張強さおよび硬さを示す．

セラミックス溶射は，耐摩耗性，耐食性，耐熱性などを付与するために行われている．溶射用セラミックスは，多く使用されているのが酸化物系セラミックスである．**表2.3**に酸化物系のセラミックス粉末材料を示す．

表2.1 自溶合金溶射材料の種類，化学組成と配合比（JIS H 8303 より）

記号	化 学 成 分〔%〕									
	Ni	Cr	B	Si	C	Fe	Co	Mo	Cu	W
SFNi 1	残部	0〜10	1.0〜2.5	1.5〜3.5	0.25以下	4以下	1以下	—	4以下	—
SFNi 2		9〜11	0〜10	2.0〜3.5	0.5以下	4以下	1以下	—	—	—
SFNi 3		10〜15	0〜10	3.0〜4.5	0.4〜0.7	5以下	1以下	—	—	—
SFNi 4		12〜17	0〜10	3.5〜5.0	0.4〜0.9	5以下	1以下	4以下	4以下	—
SFNi 5		15〜20	0〜10	2.0〜5.0	0.5〜1.1	5以下	1以下	—	—	—
SFCo 1	10〜30	16〜21	1.5〜4.0	2.0〜4.5	1.5以下	5以下	残部	7以下	—	10以下
SFCo 2	0〜15	19〜24	2.0〜3.0	1.5〜3.0	1.5以下	5以下	残部	—	—	4〜15

記号	配 合 比〔%〕		
	炭化タングステン（WC）	—	—
SFWC 1	20 以上〜80 未満	残 部	—
SFWC 2	20 以上〜40 未満	—	残 部
SFWC 3	40 以上〜60 未満		
SFWC 4	60 以上〜80 未満		

表2.2 自溶合金溶射皮膜の引張強さおよび硬さ（JIS H 8303 より）

記 号	引張強さ〔N/mm^2〕	皮膜硬さ〔HRC〕
SFNi 1	250 以上	15 以上 30 未満
SFNi 2	350 以上	30 以上 40 未満
SFNi 3	400 以上	40 以上 50 未満
SFNi 4	200 以上	50 以上 60 以下
SFNi 5	150 以上	55 以上 65 以下
SFCo 1	450 以上	35 以上 50 未満
SFCo 2	250 以上	50 以上 65 以下
SFWC 1	200 以上	45 以上 55 未満
SFWC 2	100 以上	55 以上 65 以下
SFWC 3	100 以上	55 以上 65 以下
SFWC 4	70 以上	55 以上 65 以下

表 2.3 プラズマ溶射用酸化物系セラミックス粉末材料

種類	記号	使用目的	主成分
酸化アルミニウム系	P-WAO	耐摩耗, 耐食, 耐熱・遮熱	Al_2O_3 98% 以上
	P-GAO	耐摩耗, 耐食, 耐熱・遮熱	Al_2O_3 94% 以上, TiO_2 12~14%
酸化アルミニウム・酸化チタン系	P-AO-TiO-13	耐摩耗, 耐食	Al_2O_3 85% 以上, TiO_2 39~41%
	P-AO-TiO-40	耐摩耗, 耐食	Al_2O_3 58% 以上, TiO_2 1.5~4.0%
酸化チタン系	P-TiO	耐摩耗, 耐食	TiO_2 98% 以上
酸化クロム系	P-CrO	耐摩耗, 耐食	Cr_2O_3 98% 以上
	P-CrO-TiO-3	耐摩耗, 耐食	Cr_2O_3 89% 以上, TiO_2 2~3%, SiO_2 4~5%
スピネル	P-AO-MgO-29	耐熱・遮熱	Al_2O_3 68% 以上, MgO 28~30%
酸化ジルコニウム系	P-ZrO	耐食, 耐熱・遮熱	ZrO_2 98% 以上
	P-ZrO-SiO-32	耐食, 耐熱・遮熱	ZrO_2 64% 以上, SiO_2 31~34%
	P-ZrO-CaO-7	耐食, 耐熱・遮熱	ZrO_2 90% 以上, CaO 68%
	P-ZrO-MgO-24	耐食, 耐熱・遮熱	ZrO_2 73% 以上, MgO 23~25%
	P-ZrO-YO-8	耐食, 耐熱・遮熱	ZrO_2 89% 以上, Y_2O_3 7~9%
	P-ZrO-YO-12	耐食, 耐熱・遮熱	ZrO_2 85% 以上, Y_2O_3 11~13%

　プラスチック溶射は防食皮膜として用いられる。溶射に使用される粉末材料は，熱硬化性樹脂と熱可塑性樹脂の二つに大きく分けられる。熱硬化性樹脂は種類が少なくエポキシ系が主であり，熱可塑性樹脂は種類も多く応用範囲が広い。

　表 2.4 に溶射で成膜した LTP（アクリル系の低温溶融プラスチック，Low temperature plastic），ポリエチレンおよびナイロンのプラスチック溶射皮膜特性を示す。LTP は比較的低温で溶融し，密着強さに優れている。ポリエチレンは軟らかい。ナイロンは密着強さが良好で，硬い皮膜となる。

表2.4 プラスチック溶射皮膜特性の比較

皮膜	LTP	ポリエチレン	ナイロン
融点〔K〕	363～372	423～433	458
密着強さ	◎	○	◎
ショア硬さ（HS）	52～55	30～50	70～80
伸び	◎	△～○	○～◎
耐衝撃性	◎	○～◎	◎
塩水噴霧に対する耐性	◎	△～○	◎
耐候性	◎	×～△	○
耐有機性	◎	◎	△～○
耐酸性	◎（Cl：×）	○～◎	○
耐アルカリ性	◎	◎	○
耐溶剤性	×～△	△～○	×～△

◎：優，○：良，△：可，×：不可

2.5　溶射に必要な前処理および後処理

　溶射の一般的な工程は，まず基材に衝突した溶射粒子が十分に密着するように基材表面に施す前処理，基材面への溶射，そして必要がある場合に溶射後に行う熱処理や皮膜の封孔処理などの後処理，皮膜表面の仕上げからなっている。

2.5.1　前処理

① 基材の清浄化

　基材面に付着している油脂類，酸化物は除去しておかなければならない。油脂類を基材面から除去するためには，一般的に，揮発油，アセトンなどの溶剤を用いる溶剤洗浄，または苛性ソーダなどを用いるアルカリ洗浄が行われる。また，酸化物は機械的に鋼グリッド，アルミナなどのブラストで粉砕して除去される。

② 基材の粗面化（ブラスト処理）

粗面化処理は溶射に必要な前処理である。基材面に機械的に鋭角的な形状をした硬質の各種の材料（酸化アルミニウム（Al_2O_3），炭化ケイ素（SiC），鋳鋼など）のグリッド材を，圧縮空気によって表面に強力に吹き付けるグリッドブラスト法が，一般的に用いられている。

一般に，良好な密着性を得る基材表面粗さは，平均粗さ $2.5 \sim 13 \mu m$ である。図 2.18 に，ホワイトアルミナで粗面化された Ni 基合金の表面状態（SEM（走査型電子顕微鏡）観察による）および粗さ分布の一例を示す。

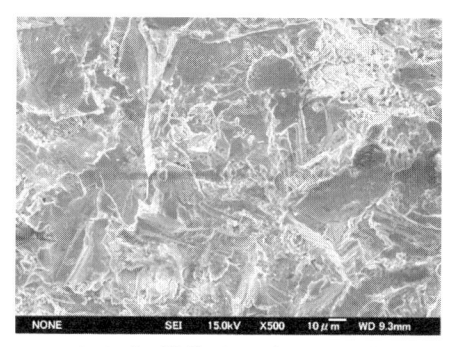

（a）表面状態（SEM 観察による）　　　　（b）表面粗さ

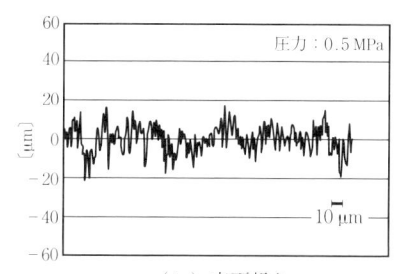

図 2.18　ホワイトアルミナで粗面化された Ni 基合金の表面状態および粗さ分布

基材表面を粗面化した後は，できる限り短時間の中で溶射を行う必要がある。粗面化した表面は表面積が大きく活性化されているため，酸化しやすくなっている。放置時間が長くなるに従って，溶射皮膜の密着性は低下していく傾向がある。

その他の粗面化法としては，表面を機械加工する方法，基材表面に軽く溶射しその皮膜の粗い表面を溶射面とするボンディングコート法，表面に溶接スパッタを作るアーク法などがある。

2.5.2 後処理

① 封孔処理

溶射皮膜には気孔，亀裂などが存在し，使用目的によっては有効である場合もあるが，腐食に対しては悪い影響を与える。封孔処理は，溶射皮膜の開口気孔に封孔剤を浸透させて気孔を密閉し，皮膜の化学的性質および物理的性質を改善する処理である。

封孔処理剤としては，エポキシ系樹脂，フェノール樹脂，シリコン樹脂，ポリエステル樹脂を主剤としたもの，およびワックス塗料などが使用される。

② 熱処理

熱処理を行って溶射皮膜と基材の間に拡散層を形成し，密着性を向上させ，基材の耐熱性および耐酸化性を高めることができる。拡散処理，加圧焼結処理などがある。

③ レーザ処理による皮膜表面の緻密化

溶射したままでは多孔質で保護性に劣るが，これにレーザ溶融処理を施すと表面が緻密な皮膜組織が得られる。例えば Ti 溶射皮膜にレーザ溶融処理を行うことによって純 Ti に近い耐食性が得られる。

④ 仕上加工

溶射のままでは表面に凹凸があるため，必要な場合は機械加工を施して仕上げる。仕上加工には，工具による切削，砥石を用いた研磨または研削が行われる。さらにホーニング，ラッピングなどの加工が施されて，仕上加工の精度向上が図られる場合がある。

2.5.3 自溶合金溶射皮膜のフュージング処理

自溶合金溶射皮膜は溶射後フュージング処理が施工される。フュージング処理は，皮膜を 1 000 ～ 1 050 ℃に加熱して皮膜内の気孔を消滅させ，さらに溶射皮膜を基材に融着させて冶金的結合を得る方法である。

例えば自溶合金（JIS 規格：SFNi 2）は，溶射のままの組織は図 2.19 に示す

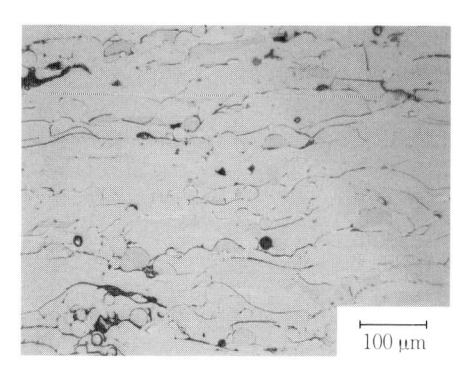

2.5 溶射に必要な前処理および後処理　27

図 2.19　フレーム溶射で形成した自溶合金溶射皮膜（SFNi 2）の組織

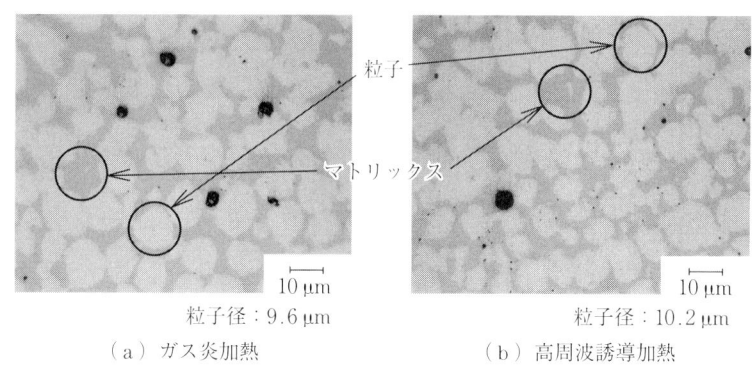

（a）ガス炎加熱　粒子径：9.6 μm

（b）高周波誘導加熱　粒子径：10.2 μm

図 2.20　ガス炎加熱および高周波誘導加熱によってフュージング処理した自溶合金溶射皮膜（SFNi 2）の組織

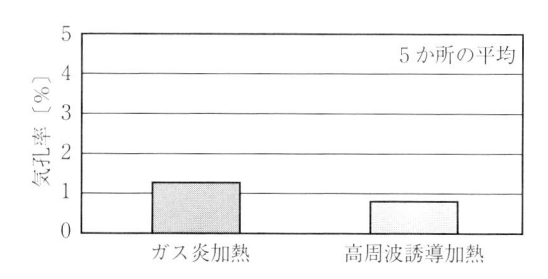

図 2.21　ガス炎加熱または高周波誘導加熱でフュージング処理した自溶合金溶射皮膜の気孔率

ように欠陥の多い積層組織であるが，フュージング処理を行うと，図 2.20 のように緻密で欠陥のほとんどない組織（粒径が 10 μm 程度の粒子部とマトリックス部から構成される）となる。

またフュージング処理をすると，図 2.21 のように自溶合金溶射皮膜の気孔率（空孔などの欠陥）も 1% 程度に減少する。

マイクロビッカース硬さは，図 2.22 に示すように溶射のままの硬さ（600 HV）と比べて，マトリックス部が 700 HV 程度と硬くなる。これは，図 2.23 の自溶合金皮膜の X 線回折結果および図 2.24（口絵参照）の EPMA（電子線マイクロアナライザ）面分析結果から明らかなように，フュージング処理によってマトリックス部に硬い Ni_3B が析出したためである。

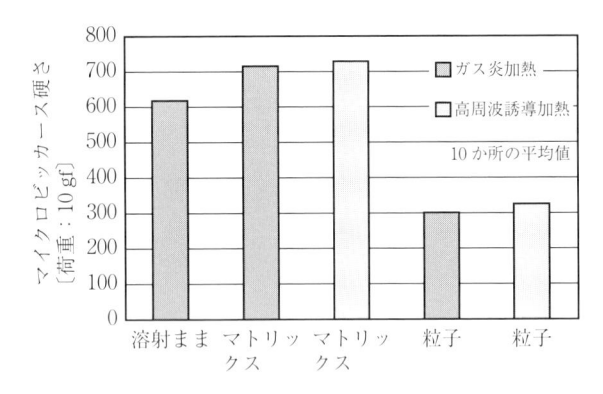

図 2.22　ガス炎加熱または高周波誘導加熱でフュージング処理した自溶合金溶射皮膜のマイクロビッカース硬さ

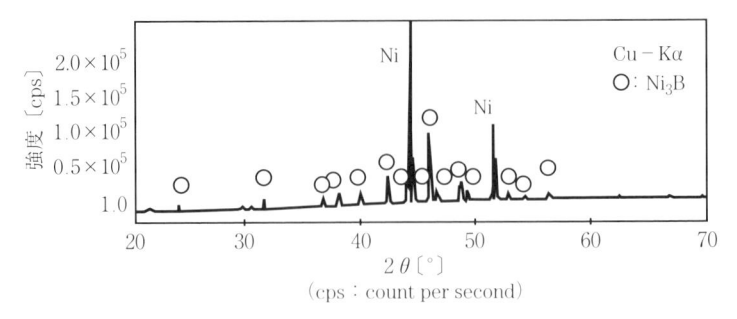

図 2.23　フュージング処理後の自溶合金溶射皮膜の X 線回折結果

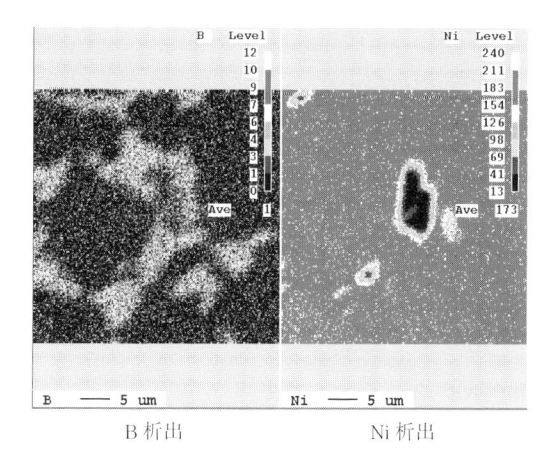

2.5 溶射に必要な前処理および後処理　29

　　　　　　　B 析出　　　　　　　　　Ni 析出

　　　　　　図 2.24　フュージング処理後の自溶合金溶射
　　　　　　　　　皮膜断面での EPMA 面分析結果

　図 2.25（口絵参照）からは，自溶合金溶射皮膜をフュージング処理した後に，皮膜と基材の間で薄い拡散層が形成されていることがわかる。このように，皮膜と基材の間で拡散層が形成されることによって密着力が向上する。

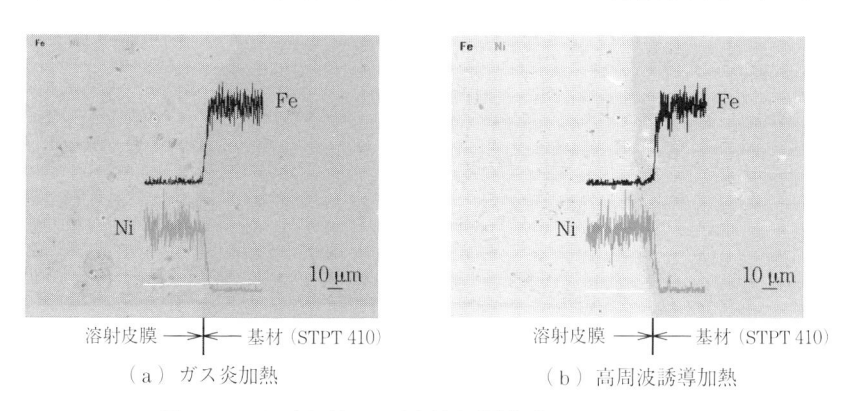

（a）ガス炎加熱　　　　　　　　　（b）高周波誘導加熱

　　　　　図 2.25　ガス炎加熱および高周波誘導加熱でフュージング
　　　　　　　処理後の自溶合金皮膜と基材間での拡散層形成

　フュージング処理の加熱方法としては，ガス炎加熱，雰囲気炉による加熱，高周波誘導加熱などがある。その中で，高周波誘導加熱がガス炎加熱や雰囲気炉による加熱に比べ急速加熱が可能であり，生産の効率化が図れる利点がある。

2.5.4 溶射皮膜の除去

ガスタービンなどの溶射が適用されている各種製品は，皮膜の酸化や減肉などのため，定期的な補修が必要である．補修では溶射皮膜を除去し，再度新しく溶射することになる．溶射皮膜の除去方法としては，一般的には溶射前の基材の粗面化処理にも使われる，図 2.26 に示すブラスト処理が行われている．

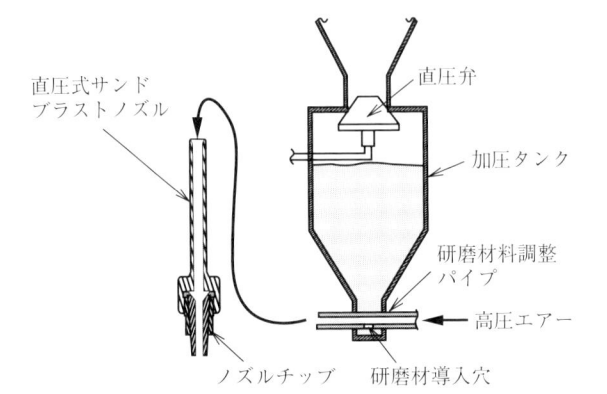

図 2.26 ブラスト処理法の概要（直圧式）

このブラスト処理では，吹き付けられるグリッド材が処理表面に残留することがあり，人が手作業で処理する場合が多いため均一な除去処理が難しく，また吹き付け材の廃棄処理などの課題がある．この他に酸性液による皮膜除去法もあるが，液が浸透して基材が腐食するなどの課題がある．

新しい方法として，最近，図 2.27 に示すウォータジェットを用いた皮膜除去

図 2.27 ウォータジェットの概略

法が適用されている。ウォータジェットを用いると，ブラスト処理に比べて作業時間が短くなり，水のみを使用するので環境にも優しいなどの長所がある。

図 2.28 にブラスト処理およびウォータジェットを用いて溶射皮膜を除去した後の表面形状（SEM 観察）を示す。図（a）ブラスト処理では引っかき傷が認められるが，図（b）ウォータジェットでは細かい凹凸が認められる。

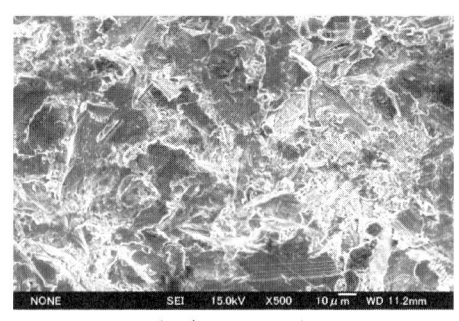

（圧力：0.5 MPa）
（a）ブラスト処理

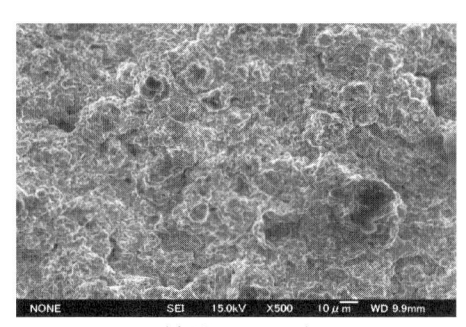

（水圧：300 MPa）
（b）ウォータジェット

図 2.28 ブラスト処理およびウォータジェットによる溶射皮膜除去後の基材（インコネル 738）表面形状（SEM 観察による）

図 2.29 に，ブラスト処理およびウォータジェットを用いて溶射皮膜を除去した後の平均表面粗さを示す。ブラスト処理後の平均表面粗さ（R_a）は約 4 μm で，ウォータジェット処理後の平均表面粗さ（R_a）は 5～7 μm と，ブラスト処理よりも 1～2 μm 高い値となる。

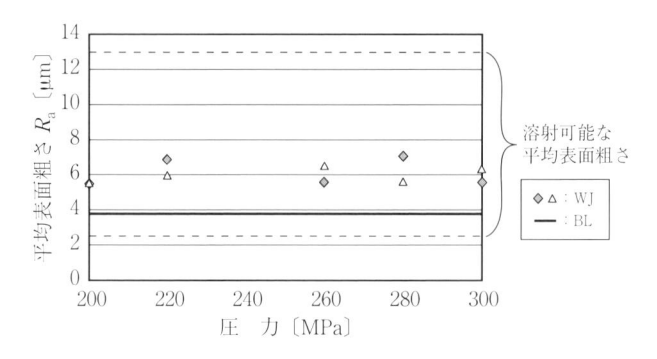

図 2.29　ブラスト処理（BL）およびウォータジェット（WJ）による溶射皮膜除去後の表面粗さ

2.6　溶射皮膜の形成

　溶射皮膜は，溶融または半溶融状態の溶射材料の粒子が次々に基材表面に高速で衝突し積層されて形成される。図 2.30 は，溶射中の皮膜が形成されつつある状態を模式的に示したものである。

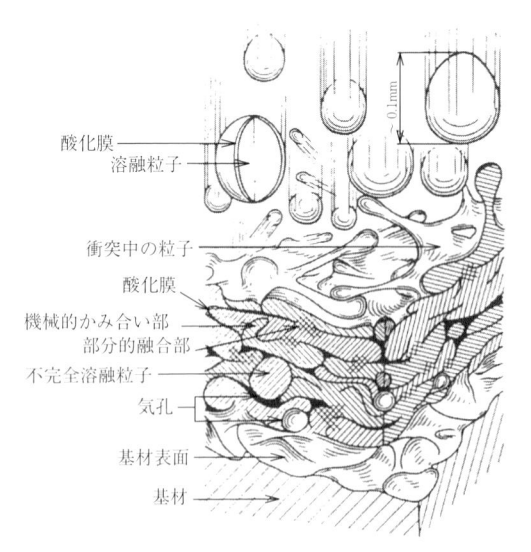

図 2.30　溶射皮膜形成の模式図

基材面に向かって飛行する溶射粒子は溶融状態または半溶融状態にあり，表面は酸化膜などで覆われている。溶射粒子は基材表面またはすでに形成されている皮膜の表面に衝突し，それに沿って広がり，急速に凝固して，溶射皮膜の粒子として積層されていく。そのときの凝固速度は，金属で $10^6 \sim 10^8$ K/s，セラミックスで $10^4 \sim 10^7$ K/s であり，非常に短い時間での現象である。

結合部には，機械的にアンカー効果でかみ合った部分，部分的に付着または溶融した部分，あるいは酸化物が挟まった部分がある。扁平に堆積した粒子の間に，未溶融粒子が介在していることもある。また，皮膜内では，粒子が完全に充填されなかった隙間や空孔も認められる。これらは気孔として認識される。

2.7 溶射粒子の飛行速度および温度

溶射粒子の飛行中の速度および温度は溶射法によって異なり，溶射法が決まるとある範囲で決まる。

2.7.1 溶射粒子の飛行速度

溶射粒子の速度測定は，写真による計測法がよく用いられている。しかし，その場観察ができない。最近は，レーザドップラー法（LDA）やレーザ2フォーカス法によって，プラズマ輝部内でも 1 mm 程度の高い空間分解能で測定できるようになった。ただ，これらの方法は光学系の精密な調整が必要である。

実際の溶射粒子の飛行速度は，図 2.13 に示したように溶射法によってある程度決まっている。

2.7.2 溶射粒子の温度

溶射粒子の温度測定法としては，熱量計によるもの，粒子表面からの熱放射

によるものがあるが,プラズマ輝部内の粒子温度を正確に測定する方法はまだない。前者の熱量計によるものは,多数の粒子の質量平均した温度が求まるので信頼度は高い。後者の熱放射を利用した測定では,二色温度計の原理により粒子の表面温度が測定できる。

　実際の溶射粒子の飛行中の温度(ガス温度)も,図2.13に示したように溶射法によってある程度決まっている。

3 溶射皮膜の特性および評価

　溶射法は，金属，セラミックス，プラスチックなどの溶射材料を用いて，耐熱性，遮熱性，耐摩耗性，防食性などの各種機能を与えるために，機械，装置，設備などの部材表面に適用される。また，溶射皮膜の基材への密着性は基材粗面に対する機械的かみつき（投錨効果）によっているため，溶射皮膜の基材への密着性は機械への溶射適用の際にまず評価されるべき重要な因子である。

　したがって，溶射皮膜の基材への密着性および耐熱性，耐摩耗性，耐食性などの皮膜特性を評価することは，非常に重要な課題である。以下に溶射皮膜の特性およびその評価法を概説する。

3.1　密　着　性

　溶射皮膜の品質を評価するうえで，溶射皮膜の基材への密着性はぜひとも確保されなければならない項目である。一般的には，JIS で規格化されている接着剤を用いた引張試験法（JIS Z 7721）が用いられている。その他にも，せん断密着強さ試験，曲げ密着性試験，亜鉛，アルミニウムなどの溶射皮膜の密着性試験に用いられるグリッド試験（JIS H 8661），カップ試験などがある。

　最近では，高速フレーム溶射などのように密着強さが高い溶射法が使用されるようになり，JIS による試験法では接着剤を用いてはく離するため，正確な密着強さの測定が難しくなっている。これらの課題を解決するため，接着剤より強い溶射皮膜の密着強さに対応する引張型ピンテストなどが提案されている。

3.1.1 接着剤を用いる引張試験

図3.1に示すように，一方の丸棒基材の端部に溶射して，この溶射面とこの基材と同径のもう一方の丸棒の端部をエポキシ樹脂の接着剤で接着して，試験片とする。引張速度一定（約1 mm/min）で引張試験を行う。密着強さは，皮膜が破断するときの最大荷重を試験片の断面積で除した値で示す。詳細な試験方法はJIS Z 7721に示されている。この方法では，接着剤の強度以上の密着強さは測定できない欠点がある。

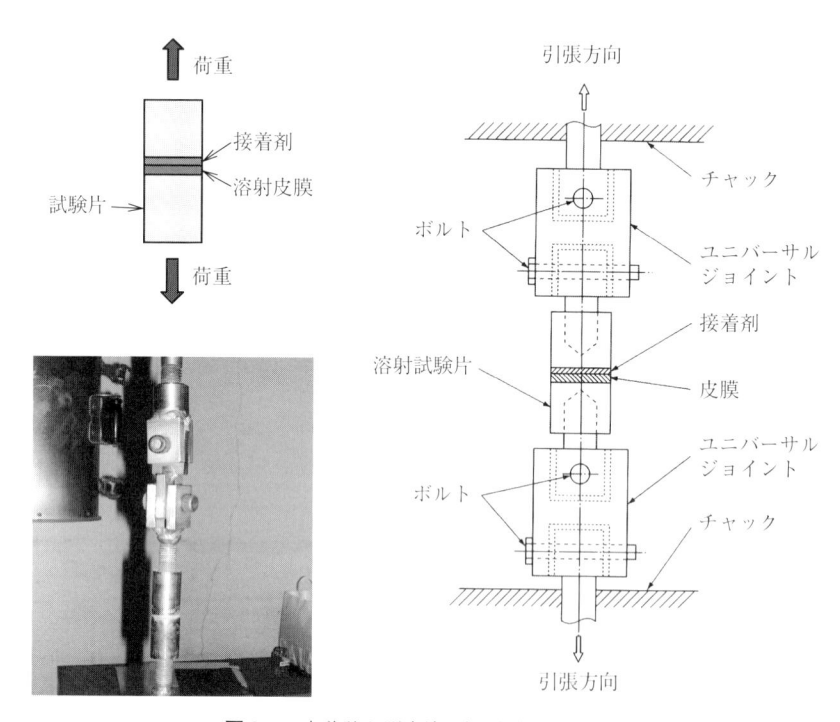

図3.1 密着強さ測定法の概要（JIS Z 7721）

溶射皮膜の密着強さは，ブラスト処理後の基材の表面粗さ，基材の表面硬さ，溶射方法や溶射条件，皮膜厚さなどの影響を受ける。

図3.2は，フレーム溶射したZn-15%Al皮膜の粗面処理での粗さと密着強さの関係の一例を示したものであるが，その相関性は弱いことがわかる。

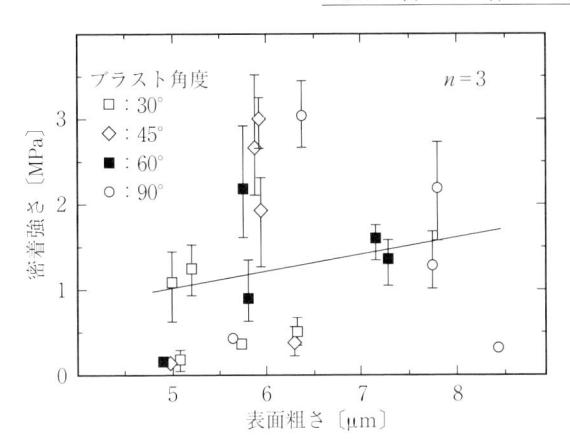

図3.2 フレーム溶射 Zn-15%Al 皮膜の密着強さに及ぼすブラスト処理後の基材表面粗さの影響

図3.3は，フレーム溶射した Zn-15%Al 皮膜の基材表面硬さと密着強さの関係を示したものである。密着強さは，基材表面硬さの増加に伴い大きくなる傾向がある。

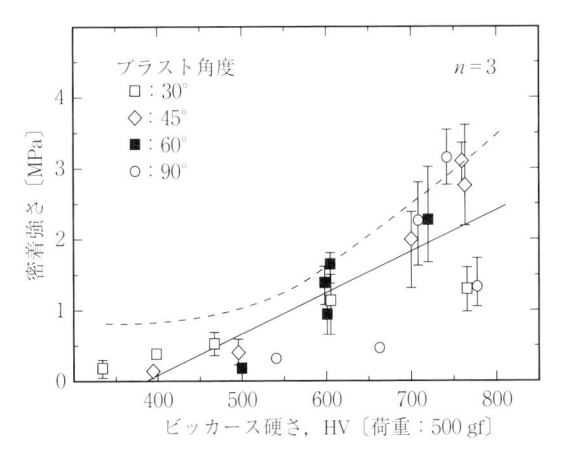

図3.3 フレーム溶射 Zn-15%Al 皮膜の密着強さに及ぼす基材表面硬さの影響

図3.4は，炭素鋼基材にプラズマ溶射した 50%Cr-50%Ni 溶射皮膜の密着強さに及ぼす溶射条件（電流，溶射距離，アルゴンガス流量）の影響を示したも

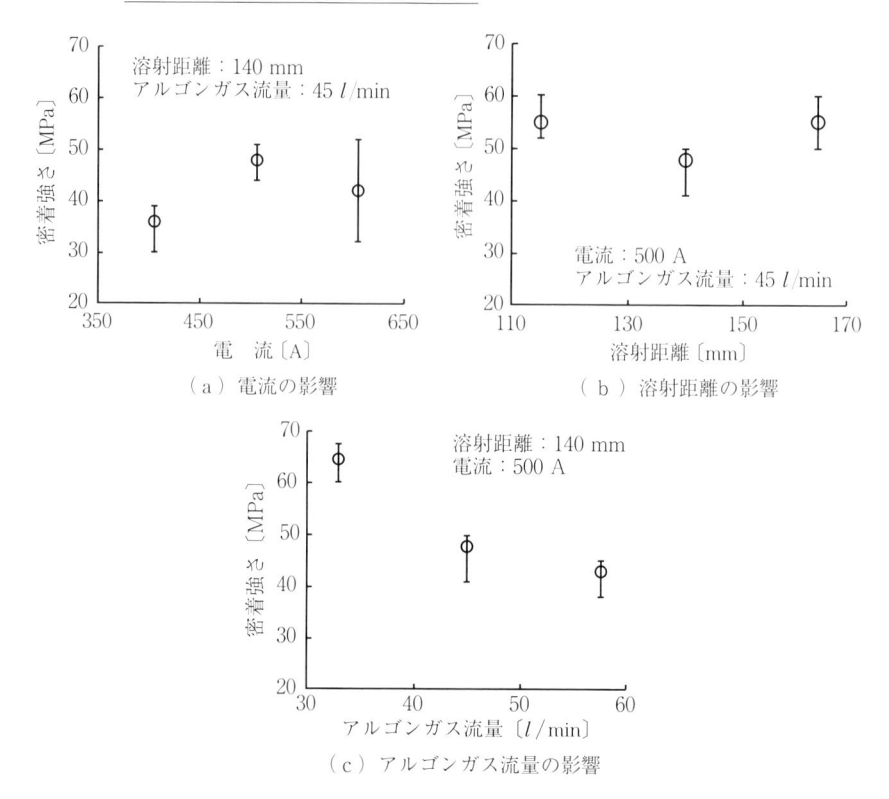

図3.4 50%Cr-50%Ni プラズマ溶射皮膜の密着強さに及ぼす溶射条件の影響

のである。いずれもある程度の"ばらつき"が認められる。

表3.1は，銅基材に銀を高速フレーム溶射（HVOF）およびプラズマ溶射した溶射皮膜の密着強さを示したものである。高速フレーム溶射した溶射皮膜は，プラズマ溶射皮膜の約2倍の密着強度を有する。

表3.1 高速フレーム溶射およびプラズマ溶射した銀皮膜の密着強さ

基材：CP1201P （純銅）	密着強さ〔MPa〕			
	1回目	2回目	3回目	平均
高速フレーム溶射	36	42	30	36.1
大気プラズマ溶射	18	20	19	18.8

3.1 密着性

表 3.2 プラズマ溶射した Al-Si/ポリエステル皮膜の塩水噴霧試験後の密着強さ

試験片番号	溶射材料	塩水噴霧時間〔hrs〕	密着強さ〔MPa〕	はく離位置
1	Al-Si ポリエステル（基材：青銅）	試験前	7.6	溶射皮膜
2			7	溶射皮膜
3			7.7	溶射皮膜
4		300	9.8	溶射皮膜
5			7	溶射皮膜
6			9.7	溶射皮膜
7		600	10.3	溶射皮膜
8			8.7	溶射皮膜
9			10.5	溶射皮膜
10		800	9.7	溶射皮膜
11			10.1	溶射皮膜
12			10.8	溶射皮膜
13		1 000	8.2	溶射皮膜
14			11	溶射皮膜
15			10.5	溶射皮膜

注）塩水：5％NaCl

　表 3.2 は，青銅基材に Al-Si/ポリエステルをプラズマ溶射した溶射皮膜に，5％NaCl 塩水噴霧試験を行った後の密着強さを示したものである。

　表 3.3 は，炭素鋼基材に JIS 規格に基づいて Al/Zn をフレーム溶射（JIS 溶射）した溶射皮膜，および溶射前の粗面化処理を省いて粗面形成材を塗布してアーク溶射（MS 工法）した，溶射皮膜の密着強さを示したものである。どちらもほぼ同じ密着強さを示す。

表 3.3 アーク溶射（JIS 溶射）および粗面化処理省略して粗面形成材塗布してフレーム溶射（MS 工法）した Al/Zn 皮膜の密着強さ

溶射法	密着強さ〔MPa〕					平均〔MPa〕
	1 回目	2 回目	3 回目	4 回目	5 回目	
JIS 溶射	10.30	11.60	11.30	10.30	10.60	10.80
MS 工法	9.70	10.60	9.50	10.00	9.50	9.90

3. 溶射皮膜の特性および評価

図3.5は，耐摩耗性に用いられる各種の溶射皮膜について，硬質クロムめっきと密着強さの比較をしたものである。WC系などの溶射皮膜の密着強さは，めっきよりもかなり高いことがわかる。

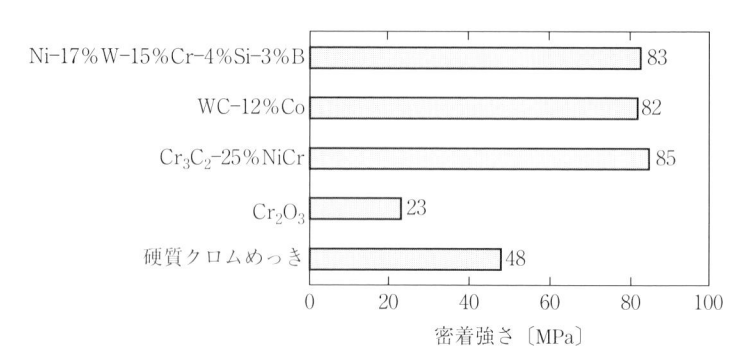

溶射材料	密着強さ〔MPa〕
Ni-17%W-15%Cr-4%Si-3%B	83
WC-12%Co	82
Cr_3C_2-25%NiCr	85
Cr_2O_3	23
硬質クロムめっき	48

破断位置：Cr_2O_3 以外は接着剤，HVOF：高速フレーム溶射
Cr_2O_3：大気プラズマ溶射，その他の溶射材料：HVOF 溶射

図3.5 溶射皮膜および硬質クロムめっきの密着強さ

また，溶射皮膜の密着強さは，数百度に予熱をすることによって向上するが，基材の種類，その表面状態（酸化物など）および溶射材料との組合せによって最適な予熱温度は異なる。

3.1.2 引張型ピンテスト

引張型ピンテストは，従来とは異なり接着剤を使わない新しい密着強さ測定法である。ピンの先端とディスクの上面を同一平面にして溶射した試験片を治具で固定し，ピンを下方へ引張り，ピンと溶射皮膜の界面で破断させる方法である。破断荷重をピンの断面積で割ると密着強さが求まる。

図3.6に，溶射時のピン固定法および引張試験方法を示す。ピンへの溶射時はピンとディスクをロックナットで固定する。

引張試験時はロックナットをはずし，ユニバーサルジョイントを用いる。引張試験は，クロスヘッド変位速度を 0.01 mm/min で行う。

図3.7に，プラズマ溶射した Cr_3C_2-25%NiCr 溶射皮膜と，高速フレーム溶

3.1 密　着　性　　41

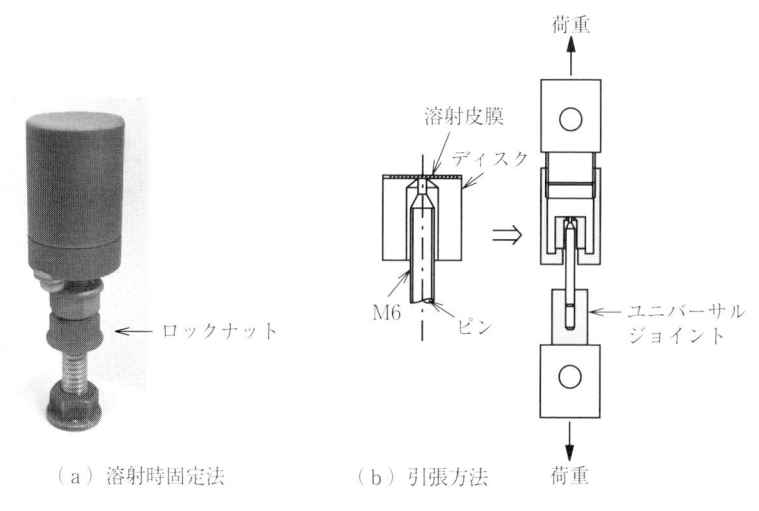

（a）溶射時固定法　　（b）引張方法

図3.7 引張型ピンテストの溶射時固定法および引張試験方法

（膜厚：1.0 mm，ピン径：4 mm）
（a）Cr_3C_2–NiCr 溶射皮膜

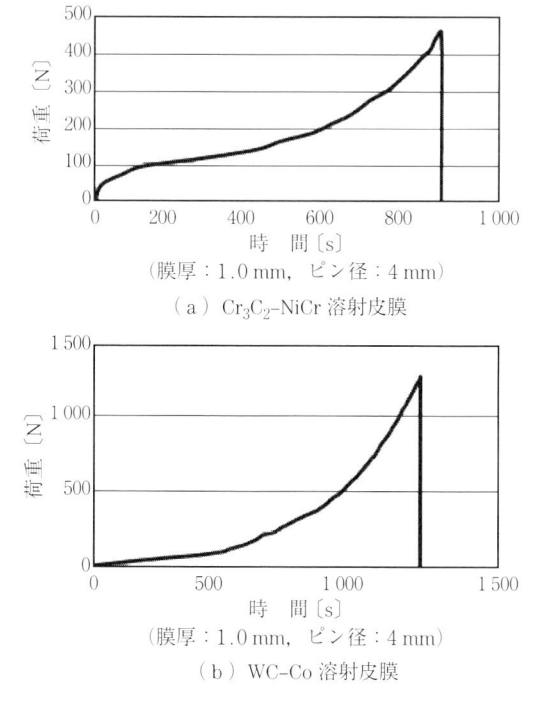

（膜厚：1.0 mm，ピン径：4 mm）
（b）WC–Co 溶射皮膜

図3.7 ピンテストでの荷重とクロスヘッド変位との関係

射した WC-10%Co 溶射皮膜を引張試験したときの，荷重とクロスヘッド変位との関係を示す。荷重とクロスヘッド変位量の関係は，ほぼ直線的である。

図 3.8（口絵参照）に，WC-Co 高速フレーム溶射試験片の，引張試験後の代表的な断面ミクロ写真を示す。ピン表面と溶射皮膜の界面ではく離している。

プラズマ溶射した Cr_3C_2-25%NiCr 溶射皮膜と，高速フレーム溶射した WC-10%Co 溶射皮膜についての引張試験結果を**図 3.9**に示す。ピン径，膜厚によ

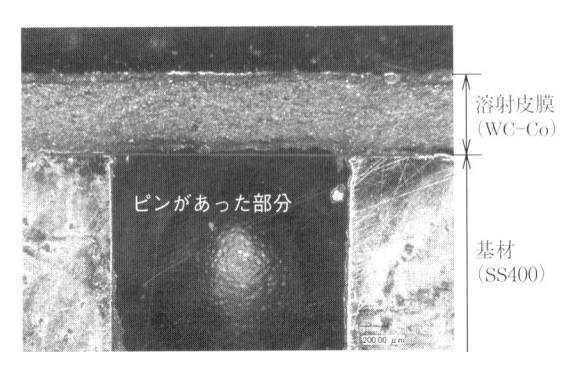

図 3.8 WC-Co 溶射試験片の引張試験後の断面ミクロ写真

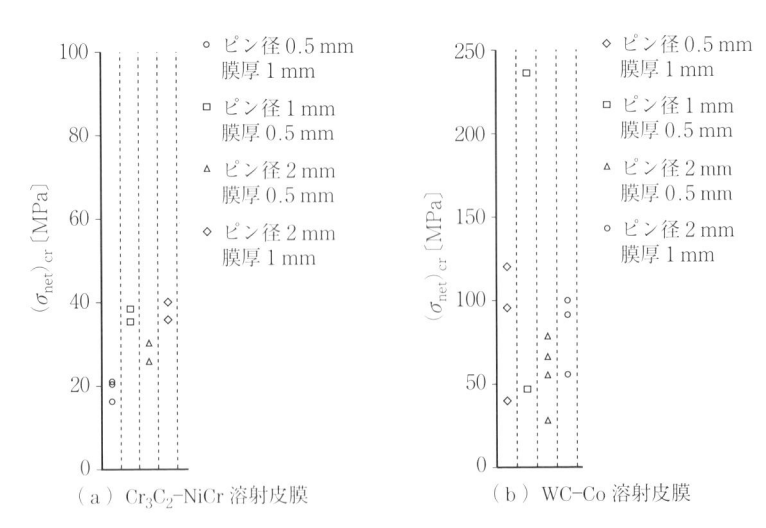

図 3.9 プラズマ Cr_3C_2-NiCr 皮膜および高速フレーム WC-Co 皮膜の引張試験結果

る"ばらつき"が認められる。ピン径が小さいので，形状効果による応力集中がエッジ部に生じるためである。

有限要素法によってエッジ部に生じる応力集中を解析すると，**図3.10**および**図3.11**に示すように非常に大きな応力集中が生じることがわかる。

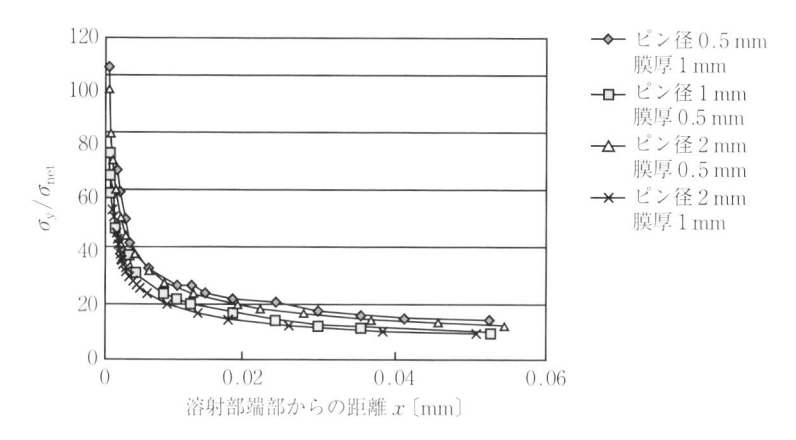

図3.10 ピンテスト試験片溶射部端部近傍の応力分布（Cr_3C_2-NiCr 溶射皮膜）

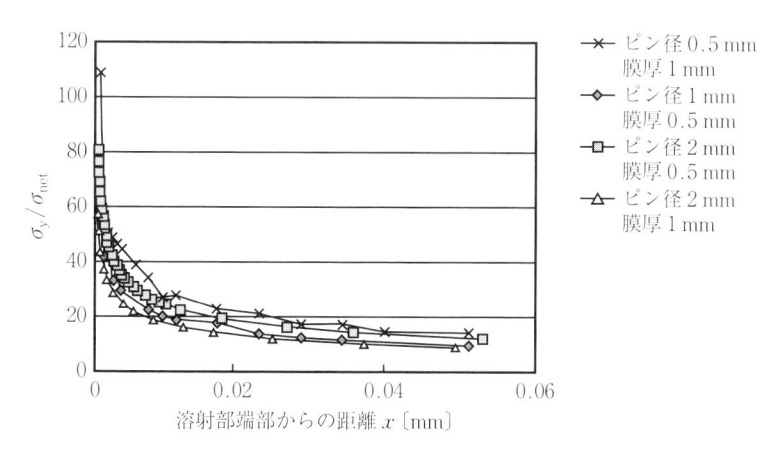

図3.11 ピンテスト試験片溶射部端部近傍の応力分布（WC-Co 溶射皮膜）

この応力集中が生じる形状効果も加味した界面強度パラメータ $\kappa_{cr} = F_1 \times (\sigma_{net})_{cr}$ で整理すると，プラズマ溶射した Cr_3C_2-25%NiCr 溶射皮膜，高速フ

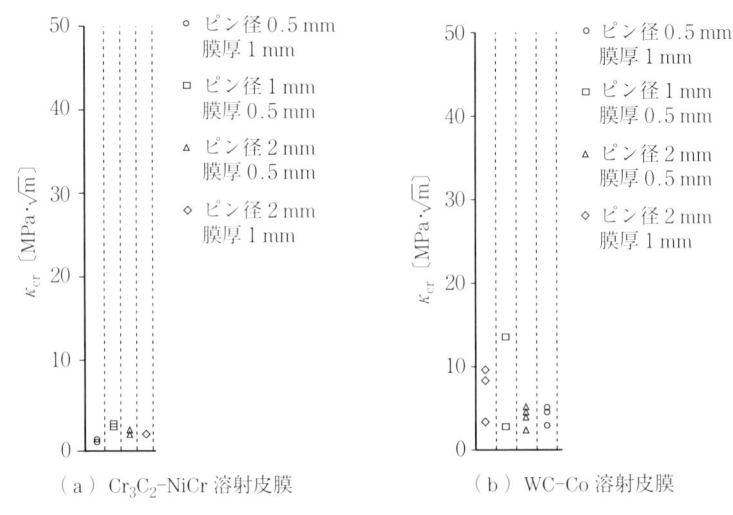

図3.12 応力集中などの形状効果も加味した界面強度パラメータ(κ)

レーム溶射したWC-10%Co溶射皮膜ともに，**図3.12**に示すように密着強度（界面パラメータ）は収束する。

$$\sigma_y = \frac{\kappa}{\sqrt{x}} = \frac{F_I \times \sigma_{net}}{\sqrt{x}} \quad \langle \text{Bogyの式} \rangle \tag{3.1}$$

ここで，F_I：形状パラメータ

σ_y：界面に垂直な応力

x：界面端部からピンの中心方向への距離

3.1.3 樹脂の離脱性

プラスチックシート製造ロールなどではプラスチックシートの離脱性が必要となるため，シートの離脱性試験が行われる。離脱試験は，**図3.13**，**図3.14**に示すようにシートを引き離すときの力（はく離力）を測定するものである。

図3.15は，各種溶射皮膜とプラスチックシート（a～d）の離脱性を試験した結果である。WC系溶射皮膜の離脱性が良好である。

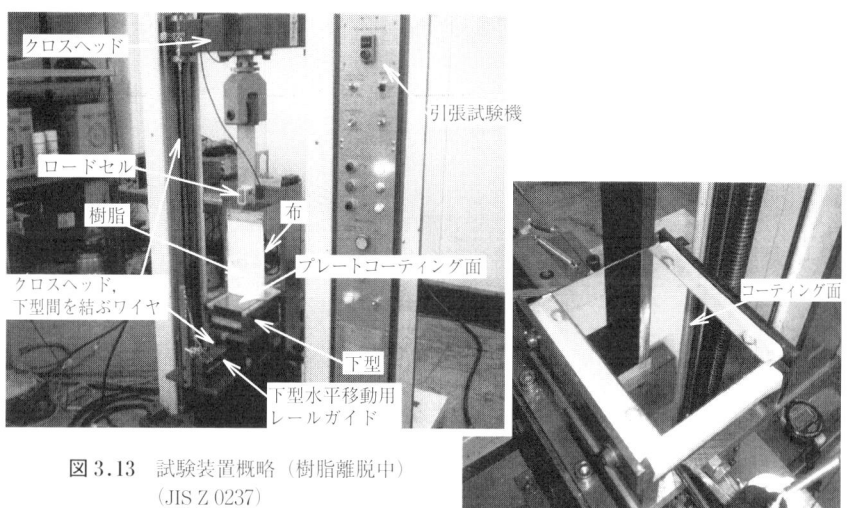

図 3.13 試験装置概略（樹脂離脱中）
（JIS Z 0237）

（表面粗度 R_a : 0.004）
図 3.14 下型に取り付けられた試験板

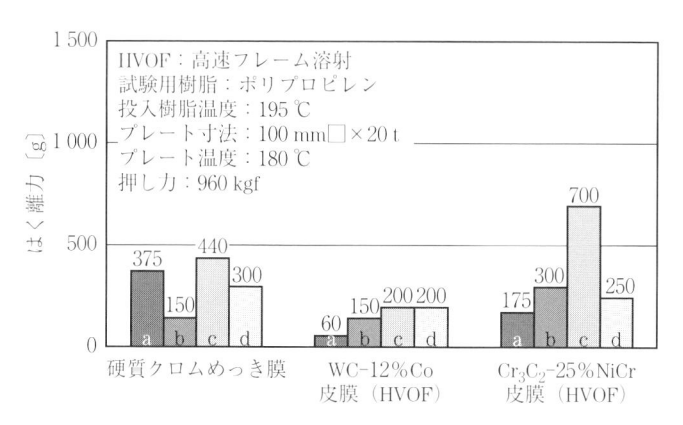

図 3.15 各種皮膜とプラスチックシートとの間の離脱性

3.2　硬　さ

　溶射皮膜の硬さは耐摩耗性に大きく影響するため，重要な性質の一つである。溶射皮膜の硬さ測定は，皮膜厚さが薄いので，一般的にマイクロビッカー

3. 溶射皮膜の特性および評価

ス硬度計を用いて行われる（JIS H 8666）。また，局部的な硬さ測定をするためにヌープ硬さ（微小硬さ）試験を行うこともある。

一例として，図 3.16 に耐摩耗性のためによく適用されるプラズマ溶射 Cr_3C_2-25%NiCr 皮膜，高速フレーム溶射 WC-10%Co 皮膜および（高速）フレーム溶射自溶合金皮膜（JIS 規格：SFNi 2）の硬さを示す。溶射法によって硬さが異なっている。

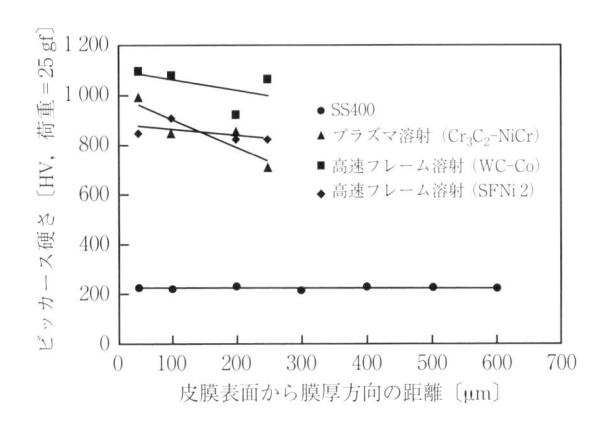

図 3.16 プラズマ溶射した Cr_3C_2-25%NiCr 皮膜，
高速フレーム溶射した WC-10%Co 皮膜および
自溶合金皮膜の硬さ分布

セラミックス溶射皮膜のほかに自溶合金溶射皮膜も，優れた高温性能を有する。図 3.17 は，フレーム溶射自溶合金皮膜（JIS 規格：SFNi 2）の溶射のまま

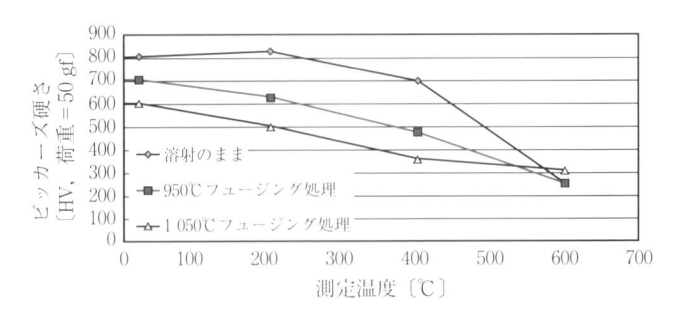

図 3.17 フレーム溶射自溶合金皮膜（SFNi 2）の溶
射のまま，およびフュージング処理後の高温硬さ

と,フュージング処理(950℃および1050℃)後の溶射皮膜の600℃までの高温硬さを示したものである。

3.3 気 孔 率

溶射は,溶融粒子を高速で基材へ衝突させて積層させる手法であるため,気孔などの空洞が生じる。気孔の量は耐摩耗性,耐熱性,耐食性および電気抵抗などの皮膜性能に影響する。

気孔率は一般的に下記の式で表される。

$$気孔率 = \left(1 - \frac{\rho}{\rho_0}\right) \times 100 \tag{3.2}$$

ここで,ρ:溶射皮膜の密度
ρ_0:溶射材料の密度(バルク材の密度)

気孔率の測定法には,浮力法,天秤法,飽水法,水銀圧入法などがある。簡易的に画像処理で面積率から計算する場合もある。また,溶射皮膜に銅めっきし銅を皮膜内の空孔へ浸漬させて,EPMA線分析などにより気孔率を測定することも可能である。

図3.18および図3.19に,ジルコニア溶射皮膜およびアルミナ溶射皮膜の

(a)ジルコニア溶射皮膜　　　　　(b)EPMA線分析結果

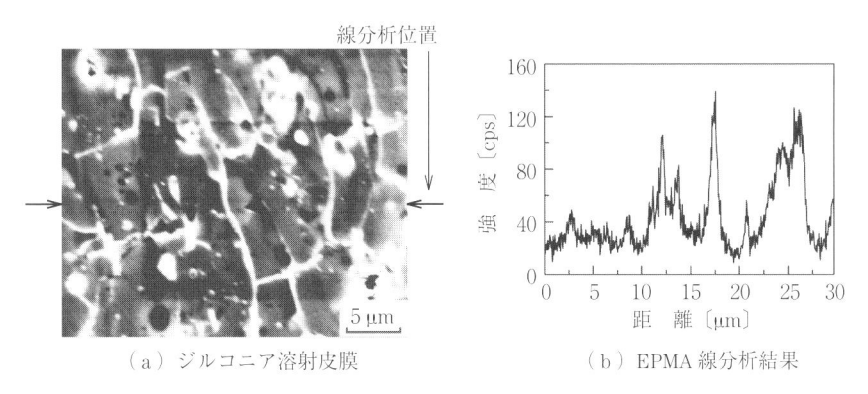

図3.18　銅めっきしたジルコニア溶射皮膜の組織およびEPMA線分析結果

(a) アルミナ溶射皮膜　　　　　　(b) EPMA 線分析結果

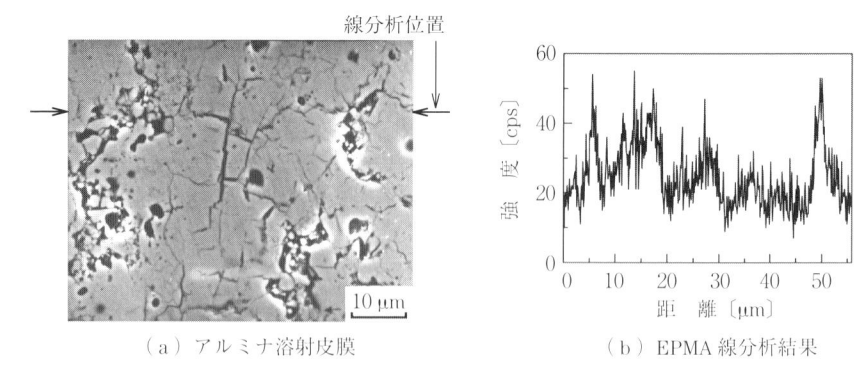

図 3.19 銅めっきしたアルミナ溶射皮膜の組織および EPMA 線分析結果

組織と EPMA 線分析結果をおのおの示す。皮膜形態は積層組織であり，銅の EPMA 線分析で空孔に銅が析出しているのがわかる。EPMA 線分析を観察面全体で繰り返すことにより，面積率から気孔率の計算が可能である。

3.4　耐熱性・遮熱性

3.4.1　耐　熱　性

溶射皮膜は，基材とは機械的かみつき（投錨効果）によって密着している。そのため，熱サイクル付加によって発生する溶射皮膜と基材との界面の熱ひずみによるはく離の有無の評価は，重要な項目である。熱サイクル寿命は，基材の影響も大きく受ける。酸化されやすい基材と酸化されにくい基材とでは大きく異なり，酸化されやすい材料の熱サイクル寿命は短くなる。

熱サイクル試験法として，例えば図 3.20 に示すように雰囲気炉内で加熱，冷却のサイクルを与える手法がある。

図 3.21 および図 3.22 は，酸化されやすい軟鋼基材と酸化されにくい SUS304 基材にアルミナをプラズマ溶射した試験片に，最高温 1 000 ℃ までの加熱・冷却を繰り返した場合のはく離の有無を示したものである。最高温度が 800 ℃ 以上になると，いずれもはく離している。

3.4 耐熱性・遮熱性　49

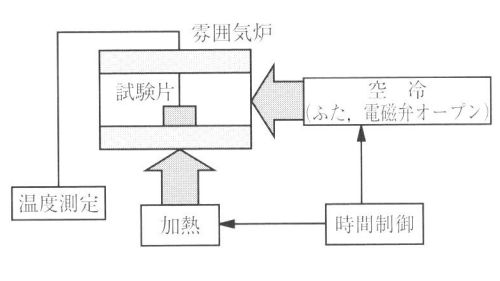

図 3.20　熱サイクル試験装置の概略

最高温度 〔K〕	最低温度 〔K〕	繰り返し数	外観写真 (黒：軟鋼基材，白：アルミナプラズマ溶射皮膜)
873	323	350	
1 073	323	30	
1 173	323	2	
1 273	323	1	

図 3.21　アルミナをプラズマ溶射した試験片の熱サイクル試験結果（基材：軟鋼）

3. 溶射皮膜の特性および評価

最高温度〔K〕	最低温度〔K〕	繰り返し数	外観写真（黒：SUS304基材，白：アルミナプラズマ溶射皮膜）
873	323	350	
1 073	323	27	
1 173	323	3	
1 273	323	1	

図 3.22　アルミナをプラズマ溶射した試験片の熱サイクル試験結果（基材：SUS304）

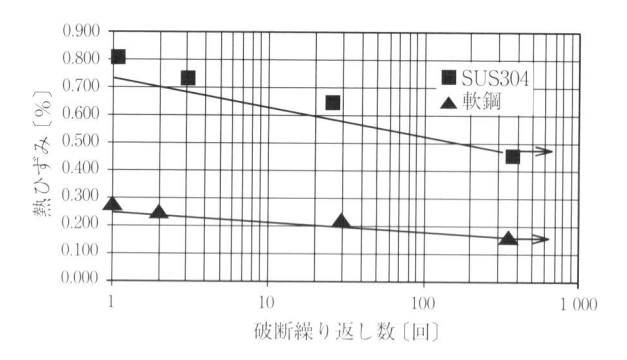

図 3.23　熱ひずみと破断繰り返し数の関係（軟鋼，SUS304）

3.4 耐熱性・遮熱性

　図3.23に熱サイクル試験結果を示す。軟鋼の熱サイクル寿命が、SUS304と比べてかなり短くなっている。これは、図3.24（a）に示すように、軟鋼の場合は溶射皮膜と基材の間で比較的厚い酸化膜が形成され、図3.25に示すように溶射皮膜と基材の間の密着強度が弱くなるため、通常の熱ひずみ（熱応力）による熱サイクル疲労寿命よりも短い寿命ではく離するためである。

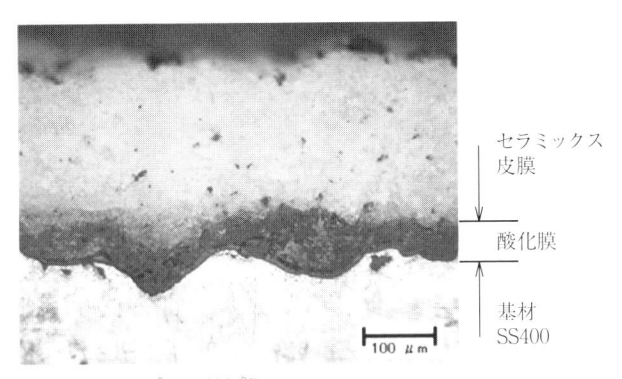

50 ℃ ～ 600 ℃
酸化皮膜厚さ：52.5 μm
（a）軟鋼（SS400）

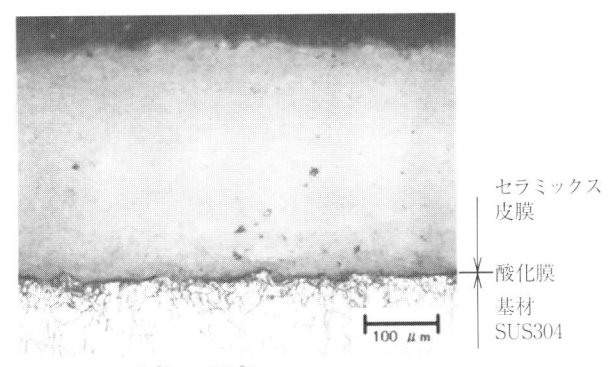

50 ℃ ～ 600 ℃
酸化皮膜厚さ：9.5 μm
（b）SUS304

図3.24　熱サイクル試験後の溶射皮膜と基材の界面近傍の断面ミクロ組織（軟鋼, SUS304）

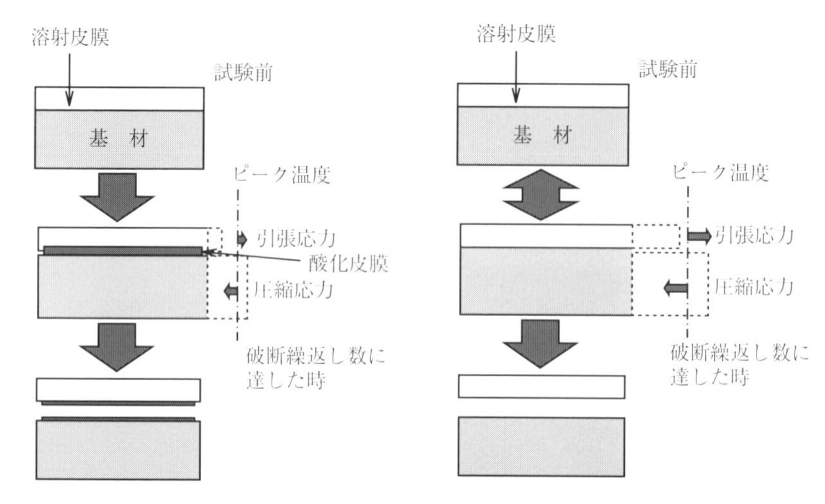

52　3. 溶射皮膜の特性および評価

図 3.25　軟鋼の場合の熱サイクル疲労寿命のメカニズム（熱ひずみと酸化）

図 3.26　SUS304 の場合の熱サイクル疲労寿命のメカニズム（熱ひずみのみ）

一方，SUS304 の場合は図 3.24（b）に示すようにほとんど酸化しないことから，熱サイクル付加による溶射皮膜と基材の間に生じる熱ひずみ（熱応力）により疲労寿命が決まる（**図 3.26**）。

熱衝撃に近く比較的高温での熱サイクル試験として，**図 3.27**，**図 3.28** に示

図 3.27　ガスバーナによる熱サイクル試験装置

3.4 耐熱性・遮熱性

図3.28 試験片にガスバーナ炎が当たっている様子

すガスバーナで急速加熱，空冷する試験法があり，ガスタービン動・静翼に使用される断熱皮膜（thermal barrier coating：TBC）などの評価に適用される。

TBCは，ボンドコートにMCrAlY（M：金属元素），トップコートにジルコニア＋8%Y_2O_3（YSZ）の2層構造となっている。高温で稼働中に，大気中から酸素が侵入してボンドコートのアルミニウムが酸化され，トップコートとボンドコートの間に厚い酸化膜（TGO；Al_2O_3）が形成されて（**図3.29**），酸化膜ではく離が生じてTBC皮膜が寿命に到る。

マイクロクラック

トップコート：
YSZ（$ZrO_2+Y_2O_3$）
（200 μm）

厚い酸化膜形成：
TGO（Al_2O_3）

ボンドコート：
NiCrAlY
（100 μm）

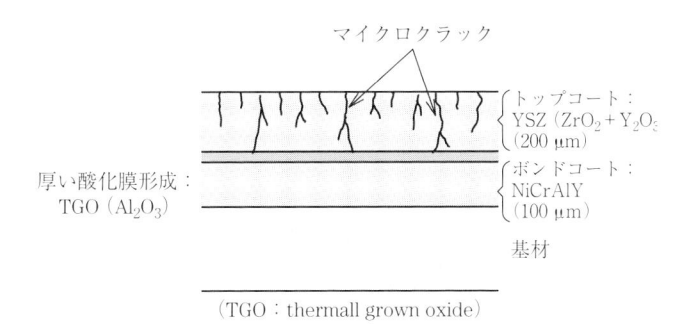

基材

（TGO：thermall grown oxide）

図3.29 TBCにおいてトップコートとボンドコートの間で酸化膜が生じるメカニズム

図3.30はこの試験法によって，酸化膜ではく離が生じたTBC皮膜の外観および断面ミクロを示している。

表面　　　　　　　　　　　　断面

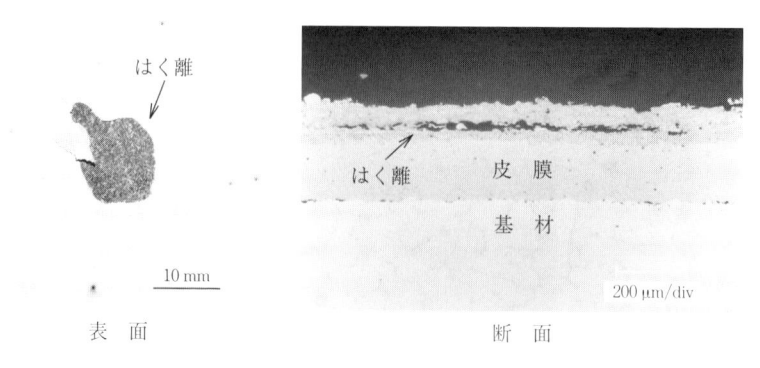

図3.30　TBC溶射皮膜のはく離の例

　また，熱サイクル特性は皮膜厚さの影響が大きい。特にプラズマ溶射皮膜の場合，皮膜が厚くなれば引張残留応力が蓄積されるため，熱サイクル試験中にはく離が生じやすくなる。例えば表4.3（101ページ）に示すように，アルミナは膜厚が150 μmでははく離が生じないが，膜厚が400 μmになるとはく離が生じているのがわかる。

　耐高温酸化性も耐熱性の一つの重要な特性である。図3.31は，鋳鉄基材に耐熱用として使用されるハステロイCおよびCr_3C_2＋25%NiCrを，HVOF溶射

コーヒーブレイク

エアロゾルデポジション法

　4章で記載した，微細粉末とエタノールを混合した液相材料を用いたプラズマ溶射システム（SPS）に対して，微細粉末と気体を混合したもの（エアロゾル）を基材へ衝突させて薄膜を形成する方法をエアロゾルデポジション法と呼ぶ。

　成膜原料であるセラミックスや金属の微細粒子に，アルゴン（Ar），窒素（N）などのキャリヤガスを供給すると，原料粒子は撹拌・混合によりエアロゾル化（固相-気相状態）する。エアロゾル粒子は，ノズルから噴射され，このときのエアロゾル粒子の持つ運動エネルギーが，基板へ衝突の際に成膜エネルギーに変えられて，基板上に薄膜が形成される。数 μm程度の薄膜形成が可能で，半導体，電気・電子分野などでの応用が期待されている。

3.4 耐熱性・遮熱性　55

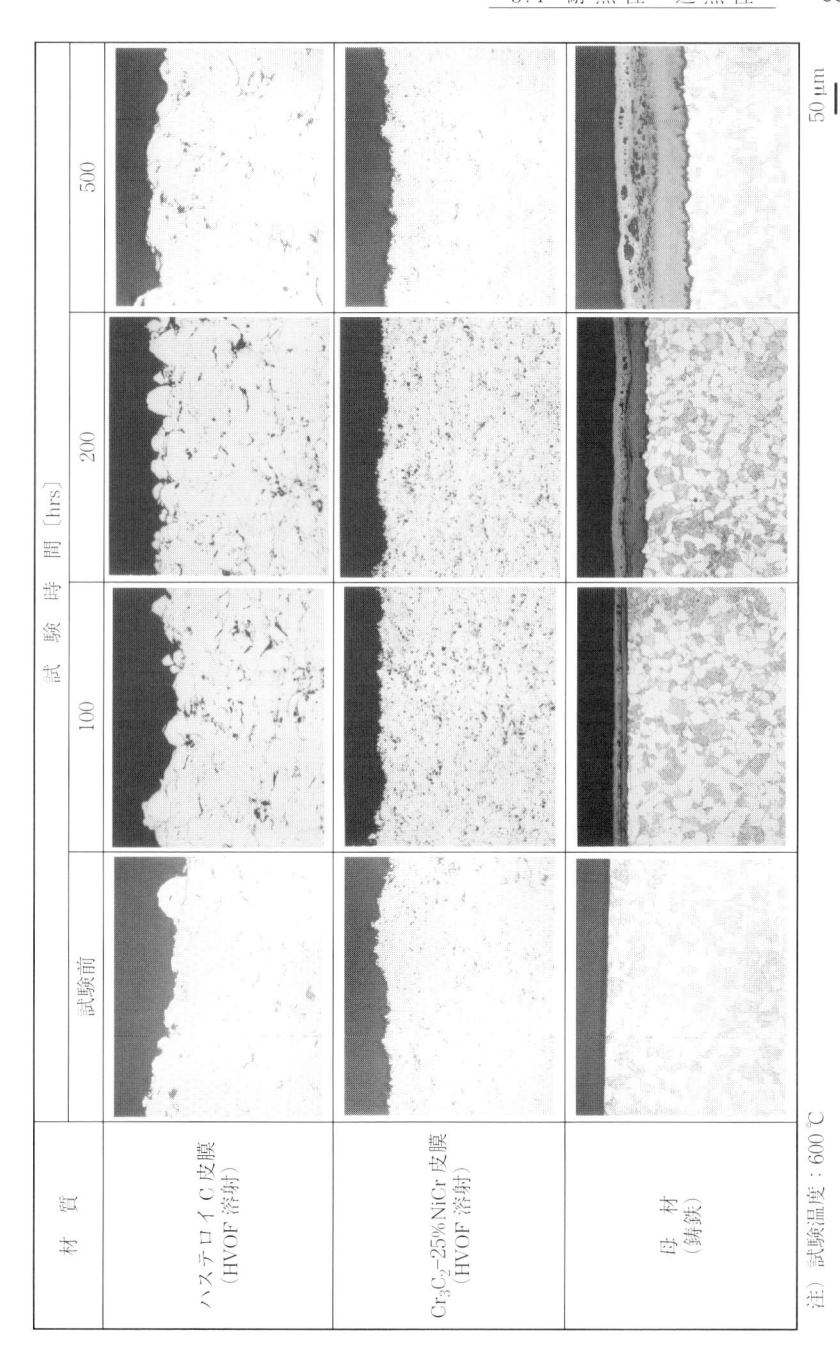

材質	試験前	試験時間 [hrs] 100	200	500
ハステロイC皮膜 (HVOF溶射)				
Cr_3C_2–25%NiCr 皮膜 (HVOF溶射)				
母材 (鋳鉄)				

図3.31　母材および溶射皮膜の高温酸化試験後の試験片断面ミクロ組織

注）試験温度：600℃

によって作製した2種類の皮膜の耐高温酸化性についての実験結果であり，大気中において600℃で500時間まで電気炉中で加熱した皮膜組織の，断面ミクロを示したものである。

比較として鋳鉄も試験に供した。鋳鉄表面には500時間で厚い酸化皮膜が形成されるが，ハステロイCおよび$Cr_3C_2+25\%NiCr$皮膜にはほとんど酸化皮膜の生成がなく，優れた耐高温酸化性を示している。

3.4.2 遮 熱 性

遮熱性は，熱を逃がさないあるいは外部から熱を侵入させない性質である。図3.32で見られるように外気温度が温度 T_1，基材側温度を T_2 とすると，溶射皮膜がある場合とない場合では基材の内部の定常状態の温度分布は異なる。

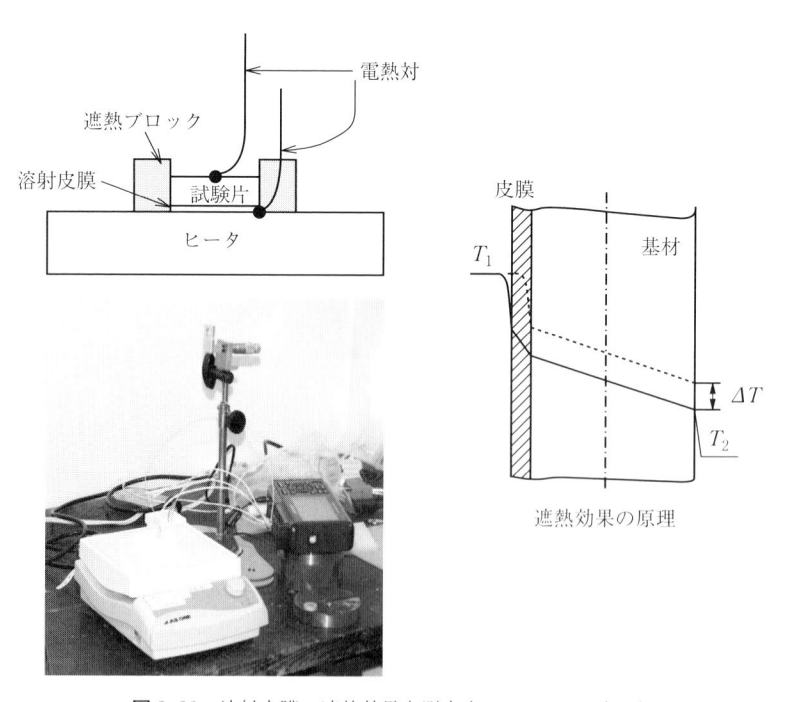

図3.32 溶射皮膜の遮熱効果を測定するシステムの概要

3.4 耐熱性・遮熱性

溶射皮膜がある場合は，実線のように熱伝導率の低い皮膜で温度低下が大きくなり，溶射皮膜がない場合は破線で示すような温度分布となる。つまり基材側で ΔT の遮熱効果があることがわかる。

遮熱性を向上させるためには溶射皮膜厚さを増加させるのが効果的であるが，プラズマ溶射などで溶射した皮膜内には引張残留応力が蓄積していく。そのため，厚い溶射皮膜では基材との密着性が低下し，熱サイクルが付加される場合には皮膜と基材との膨張差による熱応力で，皮膜がはく離するなどの懸念がある。そのため，溶射施工は皮膜厚さが 0.1 ～ 1 mm の範囲で実施される。

図 3.32 に示すように，ヒータの上に溶射試験片を溶射皮膜側が下になるようにして置き，試験片の周りを遮熱ブロックで囲んで周りから試験片への熱の伝わりを遮断した状態で，試験片の溶射皮膜表面と裏面の温度を測定してその温度差 ΔT を皮膜の遮熱効果とする。この方法によって，基材に A5052 を用い，

① トップコート：プラズマ溶射した Al_2O_3 （膜厚 400 μm），ボンドコート：プラズマ溶射した Ni-5%Al 皮膜（膜厚 100 μm）
② トップコート：プラズマ溶射した YSZ（ZrO_2＋8%YO_2，膜厚 400 μm），ボンドコート：HVOF 溶射した CoNiCrAlY 皮膜（膜厚 100 μm），この溶射皮膜（2層）を TBC 皮膜と呼ぶ。
③ プラズマ溶射した SUS316 皮膜（膜厚 400 μm）の3種類の溶射試験片
④ 比較材として基材（A5052）

について遮熱効果を測定した結果を**図 3.33** に示した。

結果を見ると，②の TBC の ΔT が最も大きく，遮熱効果が最も高い。①の Al_2O_3 皮膜がつぎに遮熱効果が大きい。③の SUS316 皮膜の遮熱効果は比較的低い。熱の反射率は，①の Al_2O_3 皮膜および②の TBC は，波長が 0.4 ～ 0.7 μm の範囲では約 70% でほぼ同じである。③の SUS316 皮膜の反射率は小さい。

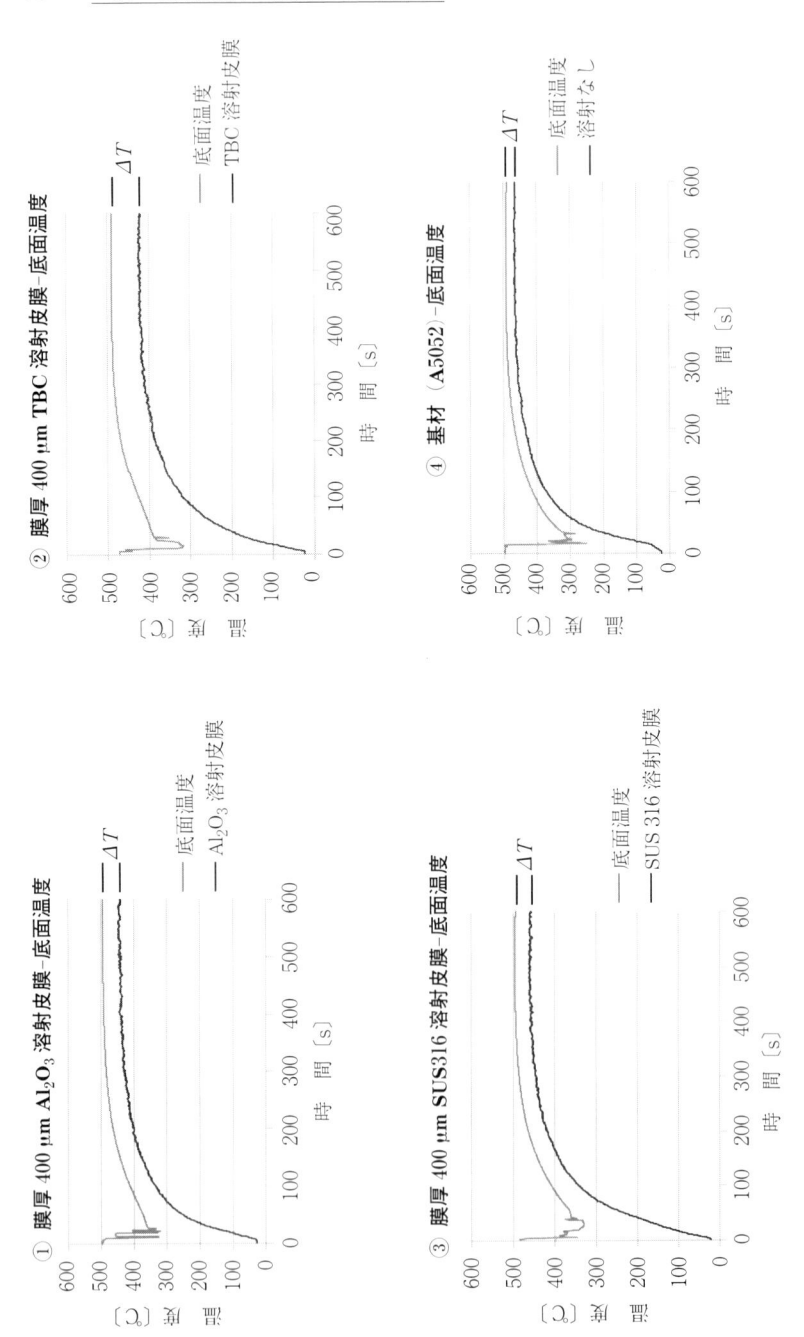

58   3. 溶射皮膜の特性および評価

① 膜厚 400 μm Al₂O₃ 溶射皮膜 - 底面温度

② 膜厚 400 μm TBC 溶射皮膜 - 底面温度

③ 膜厚 400 μm SUS316 溶射皮膜 - 底面温度

④ 基材 (A5052) - 底面温度

図 3.33　溶射皮膜の遮熱効果測定結果

3.5　被切削性（アブレイダビリティ）

　航空機ジェットエンジンなどでは，コンプレッサの吸気羽根部とハウジングの隙間をゼロに近づけて，吸入空気の漏れを防ぐことによってターボ効率を高く維持する必要がある。そのため，ハウジングが羽根部に削られやすい特性（被切削性：アブレイダビリティ，abradability）を有する皮膜が，ハウジング側表面に溶射されている。

　被切削性の試験法として，例えば図3.34に示すように，ピンによる溶射皮膜の削られやすさを評価するものがある。

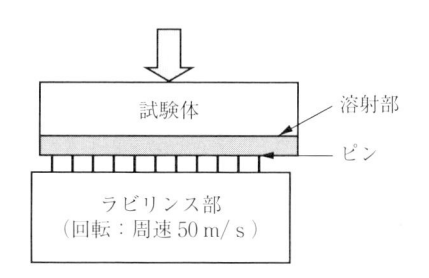

図3.34　溶射皮膜の被切削性評価試験の概要

　図3.35に示す2種類のアブレイダブル皮膜（Al/Si-ポリエステル，ホワイトメタル（WJ2））と1種類のホワイトメタル鋳込みの合計3種類のアブレイダブル材について，アブレイダブル性の評価を行った結果を図3.36〜図3.38に示す。

　Al/Si-ポリエステル皮膜は，図3.36（a）に示すように切削面にはピンによる円周方向の幅2mm程度の溝が生じているが，溝に沿って剥がれもあり皮膜に脆さも認められる。摩耗粉は図（b）のように大部分が直径数μm程度の非常に細かい粒となる。切削面近傍の温度もほとんど上昇せず，ピンと切削面の間には摩擦熱の発生はほとんどない。これらのことから，Al/Si-ポリエステル皮膜の被削性は非常に優れている。

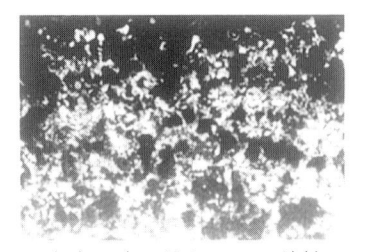

3. 溶射皮膜の特性および評価

（a）Al/Si-ポリエステル溶射 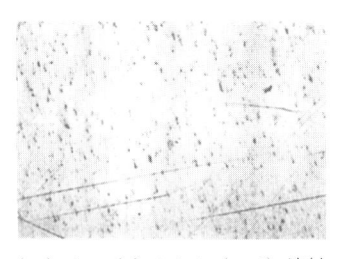　　（b）ホワイトメタル（WJ2）溶射

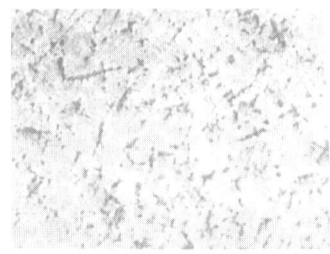

（c）ホワイトメタル鋳込み

図3.35　被切削材の顕微鏡写真（アブレイダブル材）

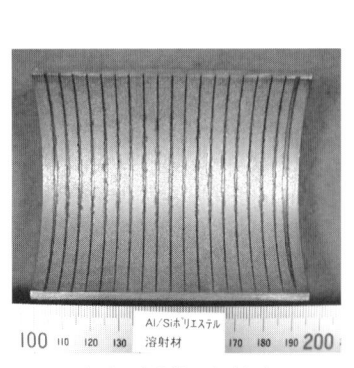

（a）試験後の切削面

（b）試験後の摩耗粉

図3.36　Al/Si-ポリエステル皮膜の被切削性

3.5 被切削性（アブレイダビリティ）

ホワイトメタル皮膜の場合は，**図 3.37**（a）に示すように図 3.36 の Al/Si-ポリエステル皮膜と同様に，切削面にピンの切削による溝（幅 2 mm 程度）が認められる。緻密な組織であることから，脆さはまったく認められない。図 3.37（b）のように摩耗粉は比較的細長いものと細かい粒子状のもの（数百 μm）が混在している。また，切削中に温度が 100 度程度まで上昇していることから，ピンと切削面の摩擦により熱が発生している。したがって，ホワイトメタル皮膜の被切削性は Al/Si-ポリエステル皮膜より劣る。

（a）試験後の切削面

（b）試験後の摩耗粉

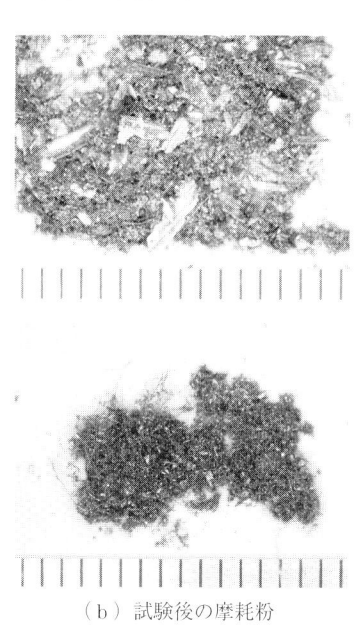

図 3.37　ホワイトメタル皮膜の被切削性

ホワイトメタル鋳込みの場合，**図 3.38**（a）のように切削面にはピンの切削による溝（幅 2 mm 程度）が生じている。組織は緻密であり脆さはまったく認められない。図（b）のように摩耗粉は，試験片と同じ長さのひも状のものが多数認められる。また，切削中に温度が 150 度程度まで上昇することから，ピンと切削面との接触による摩擦熱が多量に発生している。したがって，被削性は非常に劣ることがわかる。

(a) 試験後の切削面

(b) 試験後の摩耗粉

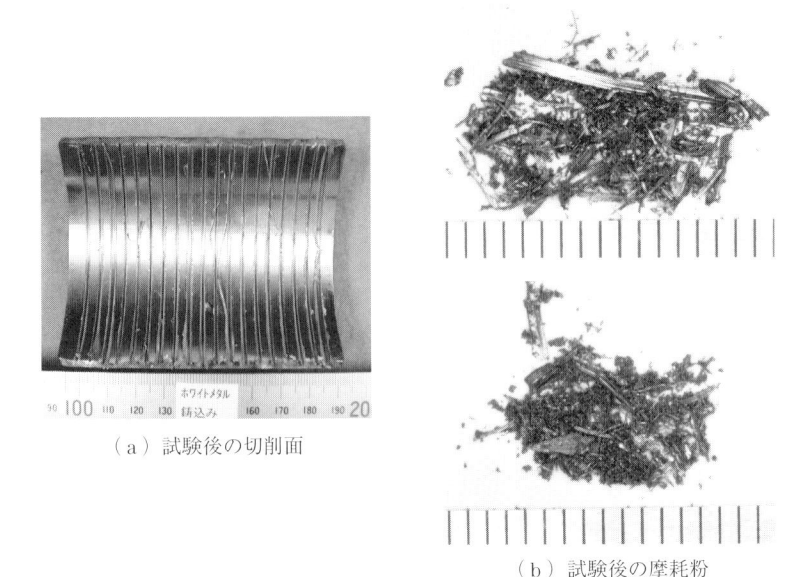

図 3.38 ホワイトメタル鋳込みの被切削性

3.6 耐 食 性

　鉄鋼材料は腐食しやすいため，アルミニウムや亜鉛溶射を行って基材の腐食を防止する方法がとられる。その際，溶射皮膜は多孔質であるため，皮膜表面に樹脂を充填する封孔処理を行って，腐食雰囲気が皮膜表面から浸透して基材まで達しないようにしている。しかし，使用中に被覆が不完全になった場合，溶射材料の電位が鉄よりも卑（低電位）であれば電気化学的に溶射皮膜が陽極となり，溶射皮膜のほうが腐食され，鉄鋼基板は防食される。これは犠牲防食と呼ばれる現象である。

　耐食性のために使用される溶射材料としては，アルミニウム，亜鉛があり，いずれも鉄鋼材料に対しては電位的に卑であり，犠牲防食になり得る。

　表 3.4 は，橋梁などの防食法としては昔から一般的に使用されてきた塗装

3.6 耐　食　性　63

表3.4　各種防食法の推定耐久年数　〔単位：年〕

環境＼仕様	溶融亜鉛めっき（めっきのまま）	亜鉛アルミ合金（溶射＋封孔処理）	C-2塗装（ポリウレタン樹脂）	C-4塗装（フッ素樹脂）
一般環境（山間部）	100	100	40	60
やや厳しい環境（市街地部）	60	70	30	45
厳しい環境（海岸部）	25	60	20	30

注）日本橋梁建設協会の資料

やめっきと，封孔処理された溶射の防食寿命を比較したものであり，これを比べると海岸部の厳しい環境でも亜鉛アルミ溶射は長寿命が期待できる。最近，環境面からも塗装よりもライフサイクルコスト（LCC）の低い防食溶射法が脚光を浴びてきている。

防食性の評価試験としては，一般的に塩水噴霧試験（JIS Z 2371「亜鉛，アルミニウムおよびそれらの合金溶射-溶射皮膜試験方法」）が行われる。**図3.39**に示すように，気温25℃で5%NaCl（塩水）を72時間噴霧し，溶射皮膜の腐食状態を評価する試験である。**図3.40**は，溶射法①（粗面処理を省略して，軟鋼基材にセラミックス粒子入りの粗面形成材を塗付し，亜鉛とアルミニ

図3.39　塩水噴霧試験装置（JIS Z 2371）

64   3. 溶射皮膜の特性および評価

溶射法	試験時間 [hrs]			
	0 (試験前)	200	300	500
溶射法 ① (MS工法)				
溶射法 ② (JIS溶射)				

注) 試験条件：25℃、5% NaCl 噴射（JIS Z 2371 に準じる）

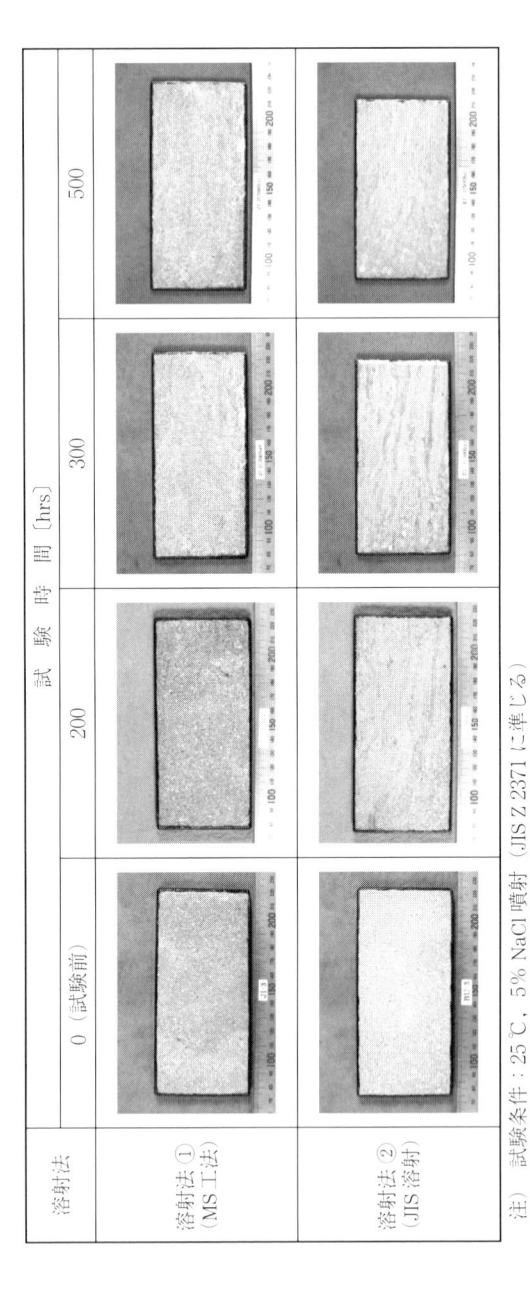

図 3.10　塩水噴霧試験結果

ウムの線材を2本同時に供給しアーク溶射），および溶射法②（軟鋼基材に粗面処理を行って，亜鉛：アルミニウム＝85：15（重量比）の合金線を用いて溶線式フレーム溶射）の溶射皮膜について，500時間まで塩水噴霧試験した試験結果を示したものである．

溶射法①による皮膜表面は，試験時間が経過しても白さび，赤さび等の発生もなく，変化は認められない．一方，溶射法②の皮膜表面は200時間経過後から長手方向に筋状の凹部が生じ，皮膜表面が溶出し始める．試験時間が長くなるに従って凹部は少しずつ深くなっていく傾向を示し，合金内のZnの選択的な腐食が進行する．

図3.41に溶射法①および溶射法②の皮膜について200時間，300時間および500時間塩水噴霧試験した試験片の断面の皮膜組織を示す．

試験時間が200時間の皮膜断面のミクロ組織は，溶射法①および溶射法②の皮膜ともに，溶射皮膜部の減肉はほとんど認められない．なお，溶射法①による皮膜下地の粗面形成材内部には，部分的な腐食が生じ始めているのが認められる．

試験時間が300時間の場合，溶射法①では皮膜の下地の粗面形成材の腐食部分が増加しているが，粗面形成材と溶射皮膜を含む全体の膜厚の変化はほとんど認められない．溶射法②の場合は，溶射皮膜は腐食により減肉している．

試験時間が500時間になると，溶射法①では皮膜の下地の粗面形成材の腐食部分の領域はさらに増大し，溶射皮膜自身の腐食減肉も進む．溶射法②も溶射皮膜の減肉は大きくなっている．

図3.42は，Al/Si-ポリエステル皮膜，ホワイトメタル溶射皮膜およびホワイトメタル鋳込みの1 000時までの塩水噴霧試験結果であり，試験後の外観を示す．ホワイトメタル溶射皮膜は1 000時間経ってもほとんど変化はなく，耐食性は優れていることがわかる．

電気化学的防食以外で，溶射皮膜そのものによって耐食性を保持するために使用される金属材料としては，インコネル，ハステロイ，ステンレス鋼などがあり，耐食用セラミックス溶射皮膜としては，アルミナ，ジルコニア，チタニ

66   3. 溶射皮膜の特性および評価

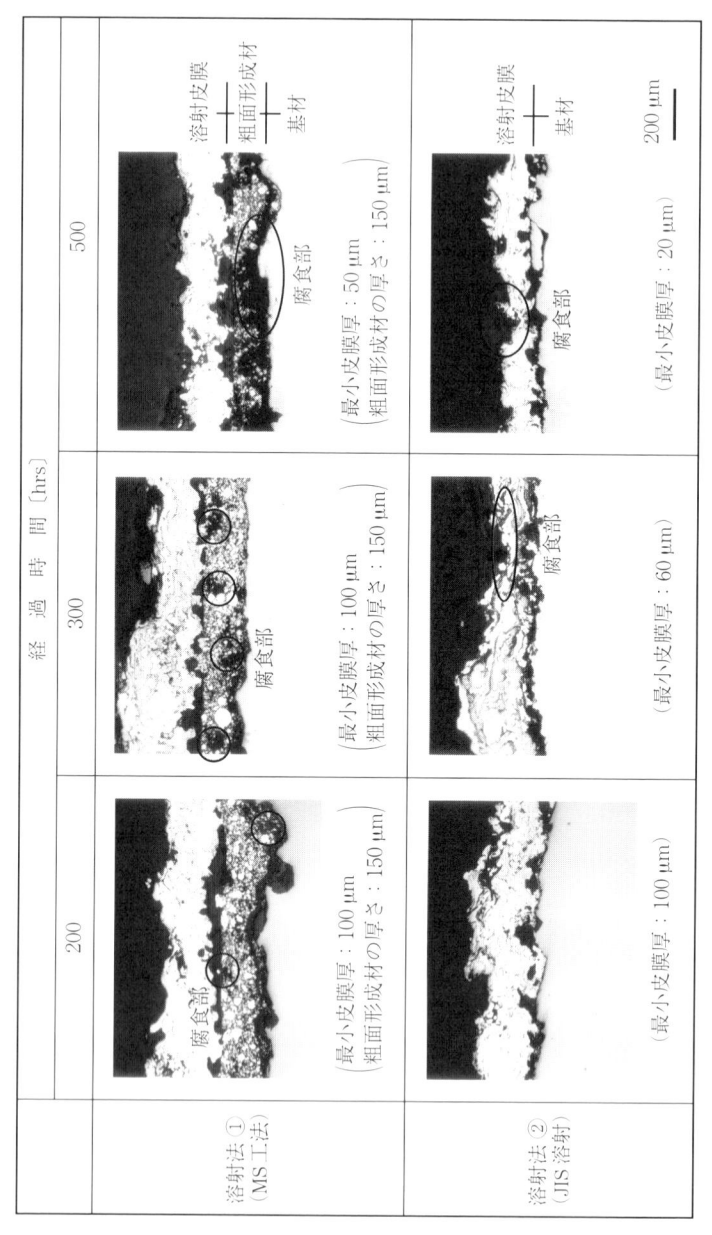

溶射法	経過時間 [hrs]		
	200	300	500
溶射法① (MS工法)	最小皮膜厚：100 μm (粗面形成材の厚さ：150 μm)	最小皮膜厚：100 μm (粗面形成材の厚さ：150 μm)	最小皮膜厚：50 μm (粗面形成材の厚さ：150 μm)
溶射法② (JIS溶射)	(最小皮膜厚：100 μm)	(最小皮膜厚：60 μm)	(最小皮膜厚：20 μm)

図3.41 塩水噴霧試験後の溶射皮膜断面のミクロ組織

3.6 耐食性

材質	試験時間 [hrs]				
	0 (試験前)	300	600	800	1000
Al/Si-ポリエステル溶射	(密着力:5.0 MPa) 	(密着力:5.0 MPa) 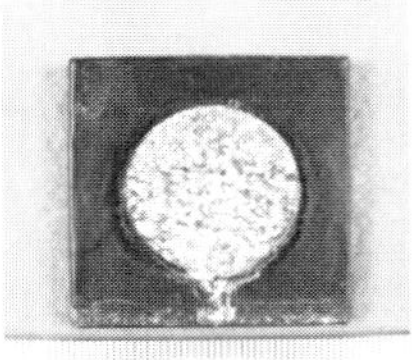	(密着力:2.94 MPa) 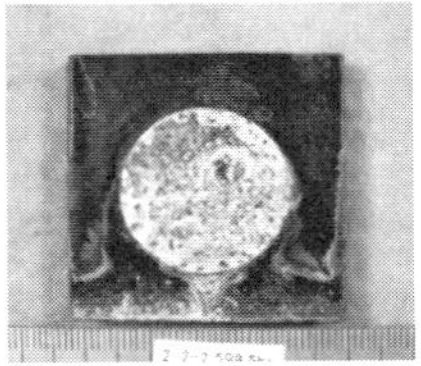	(密着力:2.0 MPa) 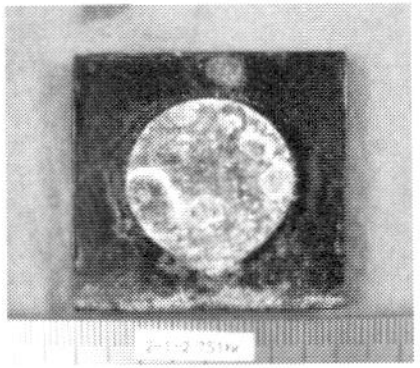	(密着力:1.37 MPa) 
ホワイトメタル (WJ2) 溶射	(密着力:8.9 MPa) 	(密着力:7.6 MPa) 	(密着力:5.2 MPa) 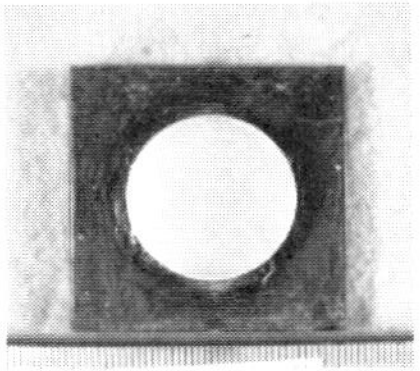	—	(密着力:4.5 MPa) 
ホワイトメタル鋳込み	(密着力:34.0 MPa) 	(密着力:32.9 MPa) 	(密着力:30.8 MPa) 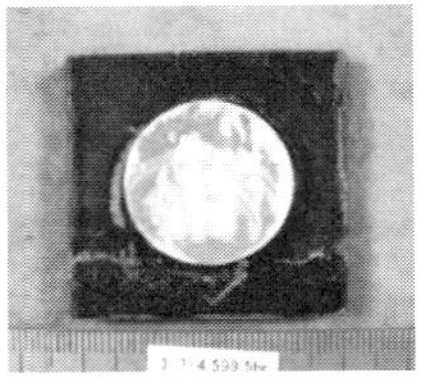	(密着力:31.0 MPa) 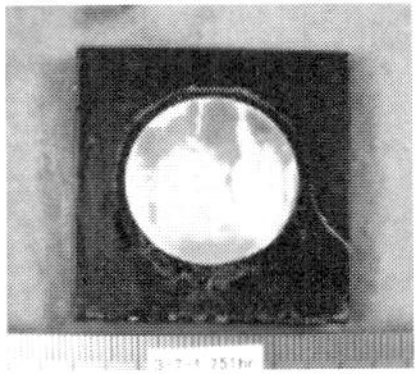	(密着力:31.6 MPa) 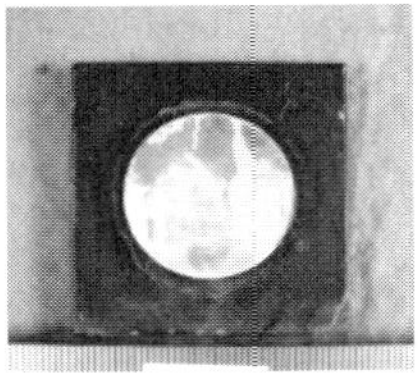

注1) 試験条件:25℃, 5% NaCl噴射 (JIS Z 2371に準じる). 注2) 密着力:各種試験時間後に皮膜の密着力測定

図3.42 ホワイトメタル溶射皮膜などの塩水噴霧試験結果

アなどが挙げられる。また，防食用プラスチック溶射皮膜には，熱可塑性樹脂のポリエチレン，ナイロン，および熱硬化性樹脂のエポキシ樹脂などを挙げることができる。

3.7 耐 摩 耗 性

　溶射法は耐摩耗性の用途に最もよく使われている。特にセラミックスや炭化物系のサーメットの溶射皮膜は非常に硬いため，耐摩耗性に有効である。
　摩耗形態は大きく分けて，硬質のものに接触することによる切削摩耗と，粒子衝突によるブラストエロージョンに分けられる。

3.7.1 切 削 摩 耗

　切削摩耗試験では，回転させた試験材に硬質のピンを接触するピンオンディスク試験機（**図 3.43**）や，試験材に回転している円輪の硬質の側面を接触させるブロックオンディスク試験機（**図 3.44**）がよく用いられる。

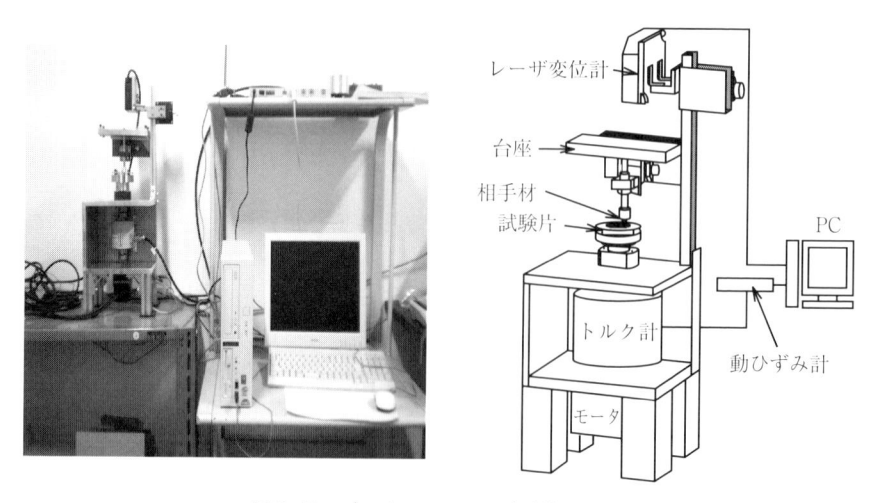

図 3.43　ピンオンディスク試験機の概要

3.7 耐 摩 耗 性

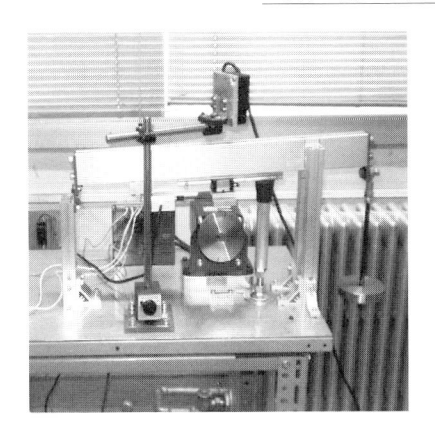

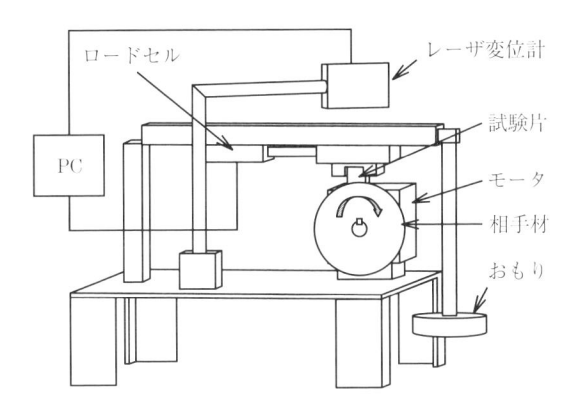

図3.44 ブロックオンディスク試験機の概要

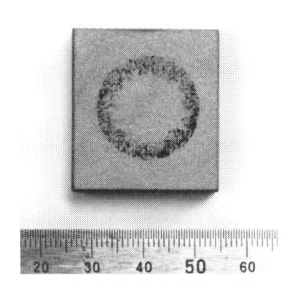

(a) 自溶合金溶射皮膜 (SFNi 2)

(b) SUS304

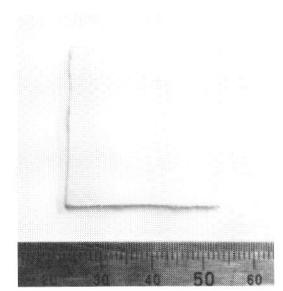

(c) 超高分子ポリエチレン (UHPE)

図3.45 ピンオンディスクによる摩耗試験後の試験片表面

3. 溶射皮膜の特性および評価

図 3.45 は，代表的な耐摩耗性皮膜である自溶合金溶射皮膜（SFNi 2）と SUS304 および高分子ポリエチレン（UHPE）の，ピンオンディスク試験後の試験片表面を示したものである。表面はドーナツ状に摩耗している。

図 3.46 は自溶合金溶射皮膜（SFNi 2）と SUS304，および高分子ポリエチレンの摩耗深さの時間的変化を示したものである。摩耗量の時間的変化は材料によって異なり，自溶合金溶射皮膜は初期の段階で大きく摩耗するが，SUS304 や高分子ポリエチレンは時間と比例的に摩耗する。

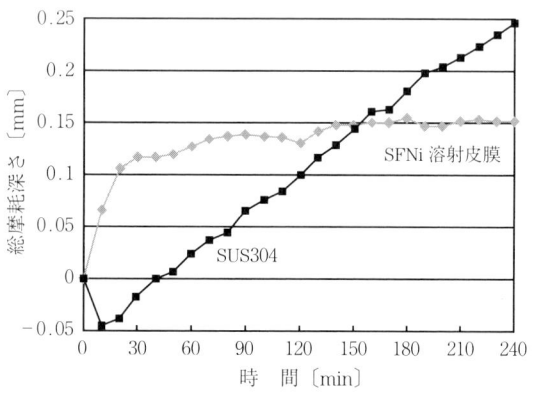

（a）自溶合金溶射皮膜（SFNi 2）および SUS304

（b）高分子ポリエチレン（UHPE）

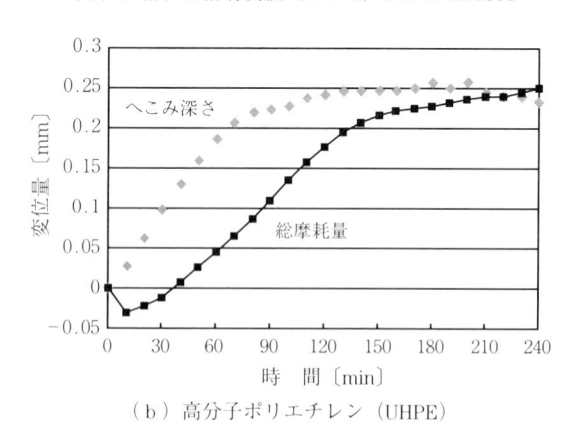

図 3.46 ピンオンディスクによる摩耗量の時間変化

3.7 耐摩耗性

　図3.47は，ピンオンディスクによる摩擦係数測定結果を示したものである。図（a）の自溶合金溶射皮膜は0.4〜0.5で，SUS304は0.3〜0.4である。図（b）の高分子ポリエチレンの摩擦係数は0.3〜0.35である。

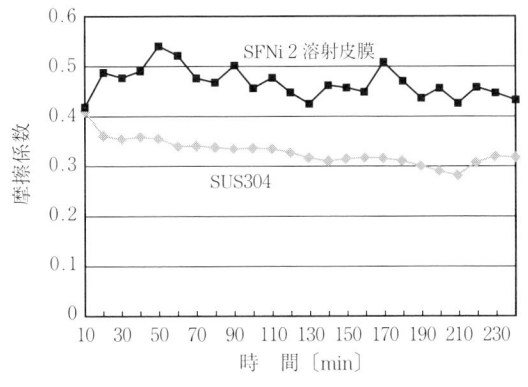

（a）自溶合金溶射皮膜およびSUS304

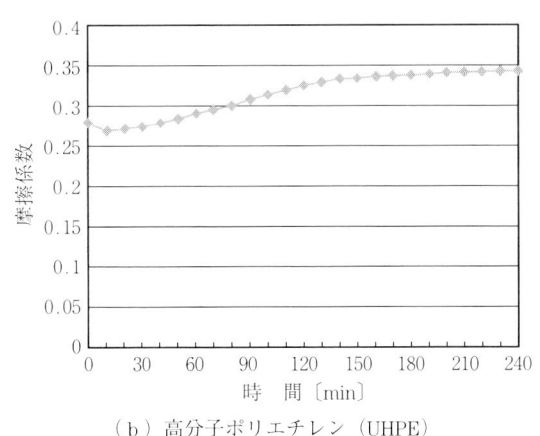

（b）高分子ポリエチレン（UHPE）

図3.47　ピンオンディスクによる摩擦係数測定結果

　図4.48は，ピンオンディスクによる摩耗試験後の摩耗部のSEM観察結果である。自溶合金溶射皮膜は平滑な部分も多いが，SUS304は引っかき傷が多く顕著に摩耗している。また，高分子ポリエチレンは表面の凹凸が少なく，滑らかな表面になっている。

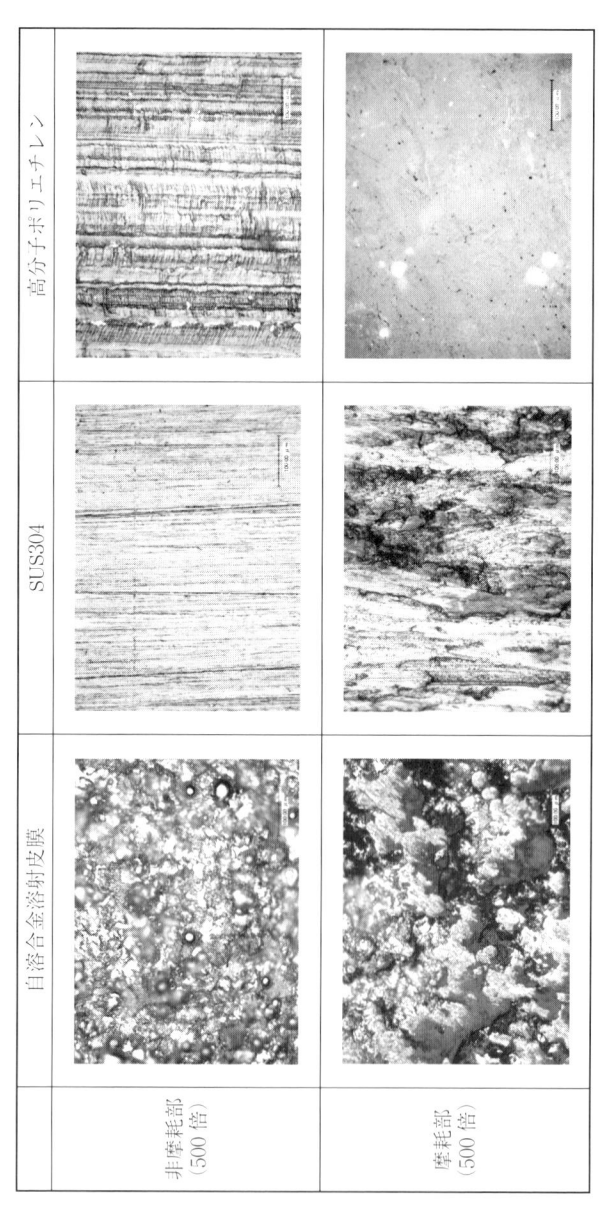

72　3. 溶射皮膜の特性および評価

図 3.48　ピンオンディスク摩耗試験後の表面 SEM 観察結果

	自溶合金溶射皮膜	SUS304	高分子ポリエチレン
非摩耗部 (500倍)			
摩耗部 (500倍)			

3.7.2 ブラストエロージョン

ブラストエロージョンは，ボイラなどのように燃料中の微細粒子が伝熱管に衝突して伝熱管が摩耗する形態である。ブラストエロージョン摩耗試験は，**図3.49**に示すように硬質粒子を高速で試験材へ衝突させて摩耗量を評価するのが一般的である。

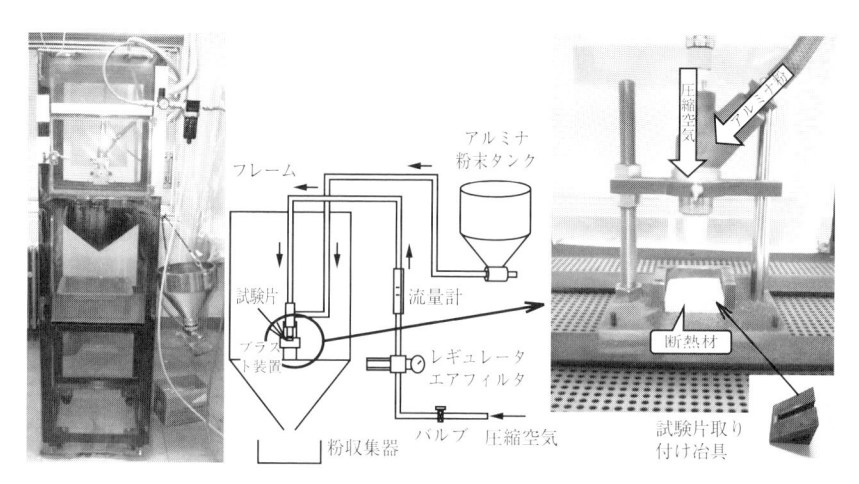

図3.49 ブラストエロージョン摩耗試験機の概略図

図3.50（口絵参照）は，図（b）HVOF溶射したWC-10%Co皮膜，図（c）プラズマ溶射したCr_3C_2-25%NiCr皮膜，図（d）自溶合金（SFNi 4）をフレーム溶射後フュージング処理（1 050℃）した皮膜，および図（a）SS400基材に対して，アルミナ（Al_2O_3）粒子（100 μm）を衝突させたブラストエロージョン試験後の表面外観である。表面には楕円形の摩耗跡が認められる。

図3.51は，摩耗部表面の形状測定結果を示す。図（b）超硬質のHVOF溶射したWC-10%Co溶射皮膜の最大摩耗深さは小さいが，図（c）プラズマ溶射したCr_3C_2-25%NiCr溶射皮膜の最大摩耗深さは大きくなっている。一方，図（d）自溶合金（SFNi 4）をフレーム溶射後フュージング処理した溶射皮膜，および図（a）SS400基材の最大摩耗深さは比較的小さい。

74   3. 溶射皮膜の特性および評価

（a）SS400 基材

（b）HVOF 溶射した WC-10%Co 皮膜

（c）プラズマ溶射した Cr_3C_2-25%NiCr 皮膜

（d）フレーム溶射した自溶合金皮膜（SFNi 4）（フュージング処理あり）

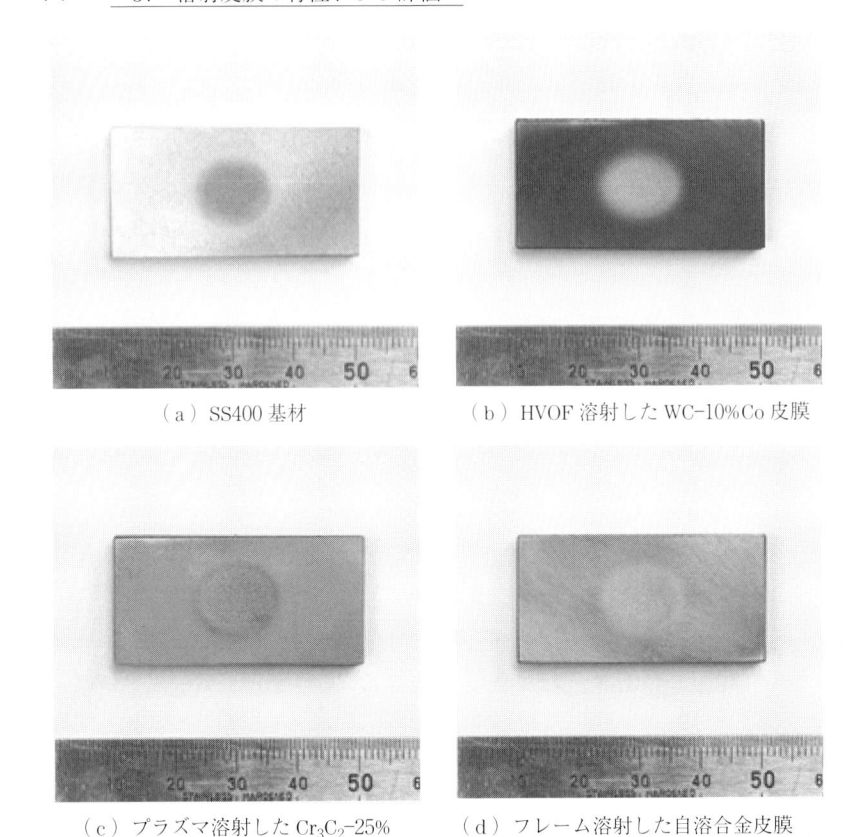

図 3.50　ブラストエロージョン試験後の試験片表面（室温，衝突角度 60°）

図 3.52 は，SS400 基材および SUS304 基材へ，それぞれ HVOF 溶射 WC-10%Co 皮膜，プラズマ溶射 Cr_3C_2-25%NiCr 皮膜，自溶合金溶射皮膜（フュージング処理）を施し，室温および 600℃で行った摩耗試験結果をまとめたものである。基材（SS400，SUS304）と HVOF 溶射 WC-10%Co 皮膜の最大摩耗深さが少ないことがわかる。

図 3.53 は，基材と溶射皮膜の摩耗部の表面を SEM 観察した結果を示したものである。図（a）SS400，図（d）自溶合金溶射皮膜は衝突粒子により削られた跡が顕著に認められるが，図（c）Cr_3C_2-25%NiCr 皮膜では薄膜片が剥

3.7 耐 摩 耗 性

(a) SS400 基材

(b) HVOF 溶射した WC-10%Co 皮膜

(c) プラズマ溶射した Cr_3C_2-25% NiCr 皮膜

(d) フレーム溶射した自溶合金皮膜 (SFNi 4)(フュージング処理あり)

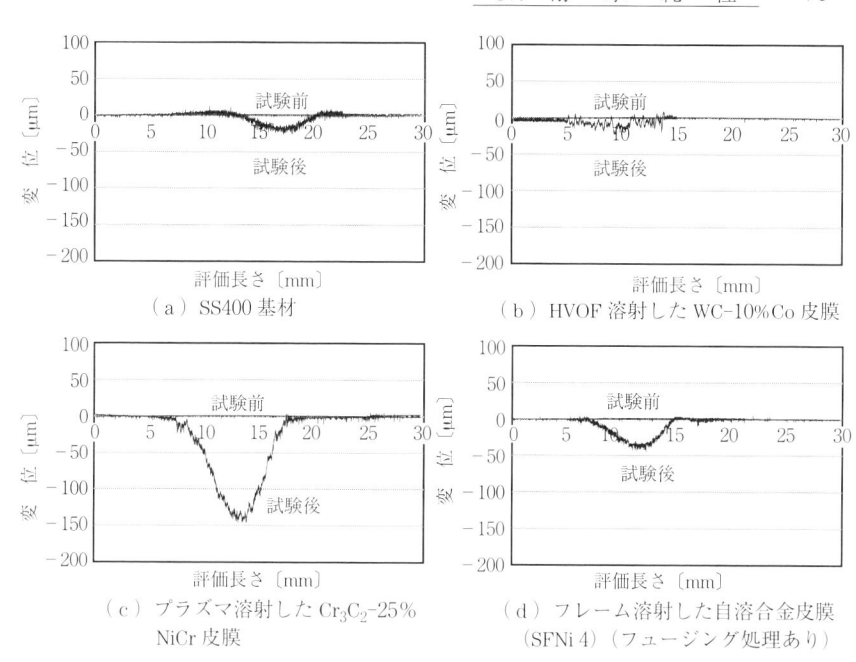

図 3.51 ブラストエロージョン試験後の試験片表面の形状測定結果(室温,衝突角度 60°)

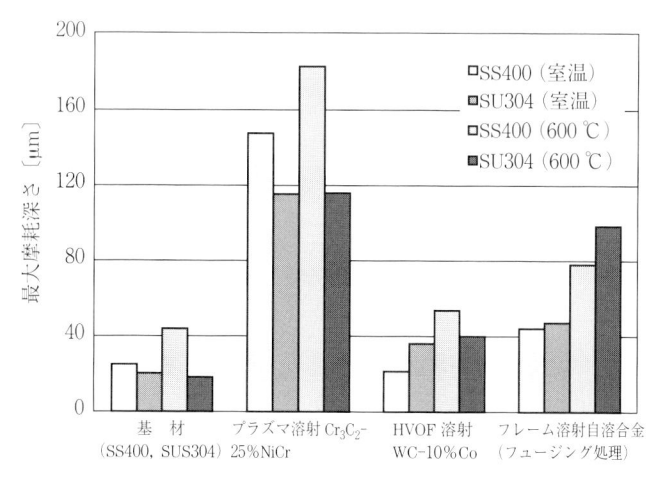

図 3.52 ブラストエロージョン試験後の最大摩耗深さ (室温と 600 ℃,衝突角度 60°)

3. 溶射皮膜の特性および評価

（a）SS400 基材

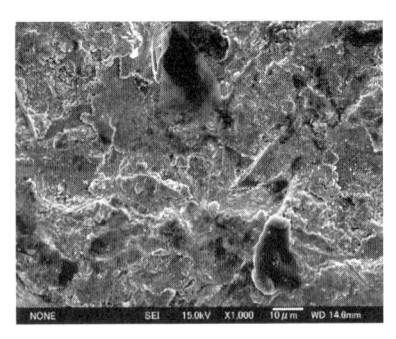

（b）HVOF 溶射した WC-10%Co 皮膜

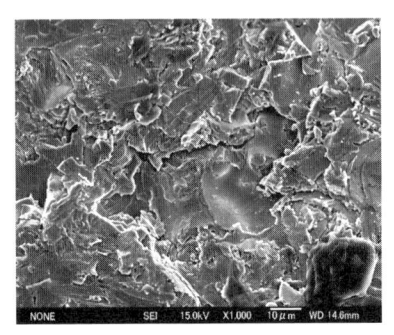

（c）プラズマ溶射した Cr_3C_2-25%NiCr 皮膜

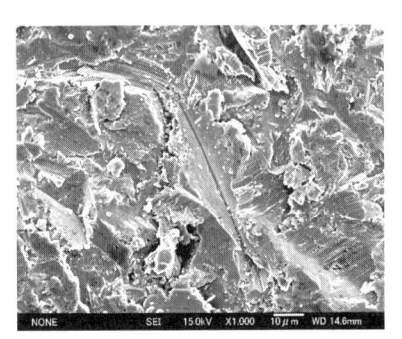

（d）フレーム溶射した自溶合金皮膜（SFNi 4）（フュージング処理あり）

図3.53 ブラストエロージョン試験後の摩耗部表面のSEM観察結果（室温，衝突角度60°）

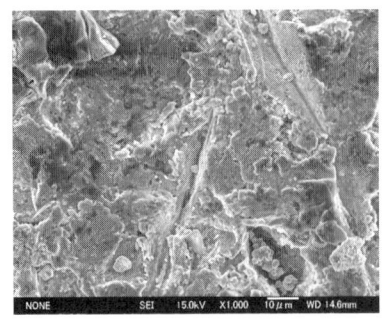

がれたような様相を示している。図（b）WC-10%Co 皮膜は衝突粒子により削られた跡が若干認められる。

図3.54は，基材と溶射皮膜の摩耗部の断面ミクロ観察結果である。図（a）SS400 基材と図（d）自溶合金溶射皮膜は，摩耗部表面は比較的滑らかである。一方，図（c）プラズマ溶射 Cr_3C_2-25%NiCr 皮膜の摩耗部表面は凹凸が著しく，断面にも気孔，割れ等の欠陥が多数認められる。図（b）HVOH 溶射 WC-10%Co 皮膜は，摩耗部表面には若干凹凸が認められる。

図3.55は，基材および溶射皮膜の摩耗部近傍のビッカース硬さ分布を示したものである。HVOF 溶射 WC-10%Co 皮膜の硬さは 1 200 HV 程度と高い。

3.7 耐 摩 耗 性　　77

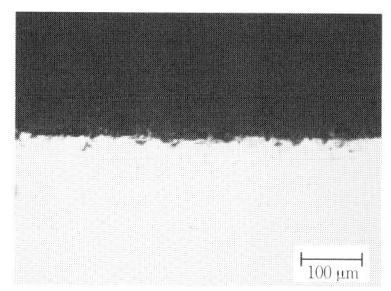

（a）SS400 基材

（b）HVOF 溶射した WC-10%Co 皮膜

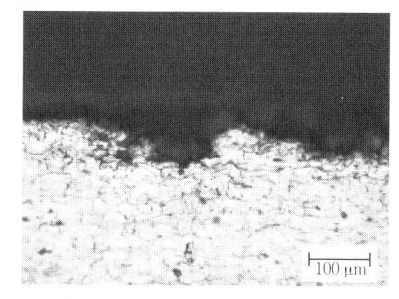

（c）プラズマ溶射した Cr_3C_2-25%NiCr 皮膜

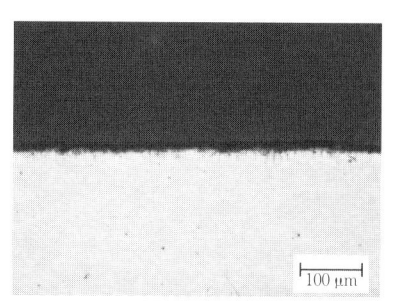

（d）フレーム溶射した自溶合金皮膜（SFNi 4）（フュージング処理あり）

図 3.54 ブラストエロージョン試験後の摩耗部の断面ミクロ観察結果（室温，衝突角度 60°）

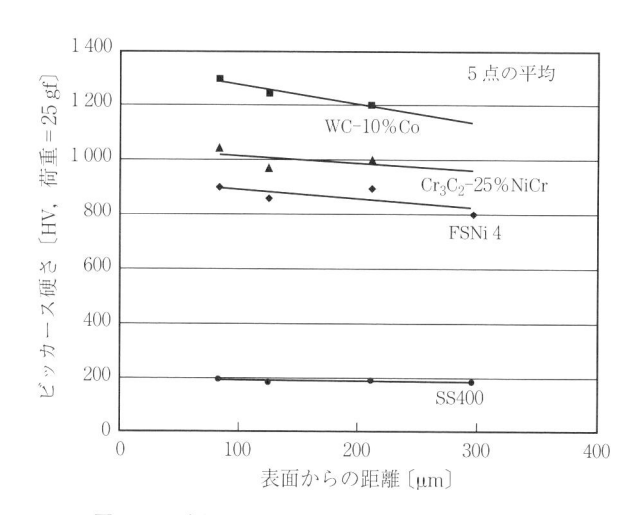

図 3.55 摩耗部近傍のビッカース硬さ分布（室温）

プラズマ溶射 Cr_3C_2–25%NiCr 皮膜，自溶合金溶射皮膜（SFNi 4）の硬さは 800〜900 HV 程度である。また SS400 基材の硬さは 200 HV 程度と低い値である。

材料の硬さと摩耗量の間には式（3.3）の関係がある。

$$D = \frac{a}{H^m} \qquad (3.3)$$

ここで，D：最大摩耗深さ，H：ビッカース硬さ，a：材料定数，m：べき数である。

図 3.56 は，基材および溶射皮膜の，ビッカース硬さと最大摩耗深さの関係を表したものである。HVOF 溶射 WC–10%Co 皮膜および自溶合金溶射皮膜は式（3.3）の関係式が成り立つ。しかし，プラズマ溶射 Cr_3C_2–25%NiCr 皮膜と SS400 基材は式（3.1）の関係が成立しない。

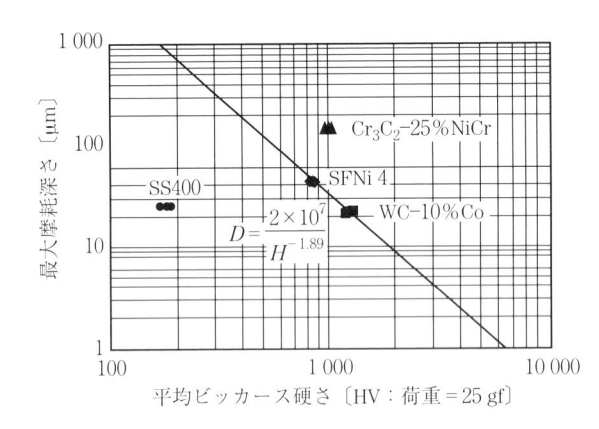

図 3.56　ビッカース硬さと最大摩耗深さの相関性（室温）

プラズマ溶射 Cr_3C_2–25%NiCr 皮膜は，硬いにも関わらず摩耗量が多い。また，SS400 基材は軟らかいにもかかわらず摩耗量は少ない。これは，**図 3.57** に示すように，ブラストエロージョンが三つの形態に分けられるためである。

（1）　SS400 基材の摩耗

粉体粒子が基材表面に衝突すると，**図 3.58** に示すように材料の表面に粉体粒子（Al_2O_3）が埋め込まれるため，表面にアルミナなどの粉体粒子の層が形

3.7 耐 摩 耗 性

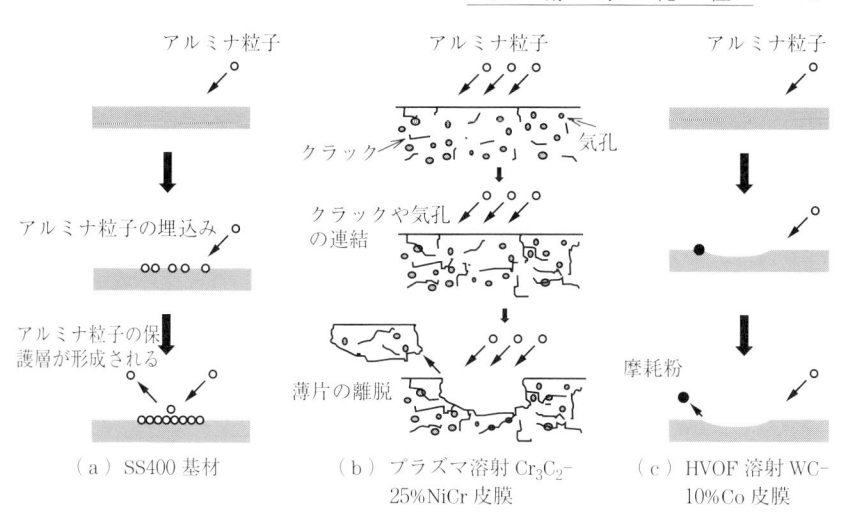

図3.57 ブラストエロージョンのメカニズム（室温）

(a) SS400 基材
(b) プラズマ溶射 Cr_3C_2-25%NiCr 皮膜
(c) HVOF 溶射 WC-10%Co 皮膜

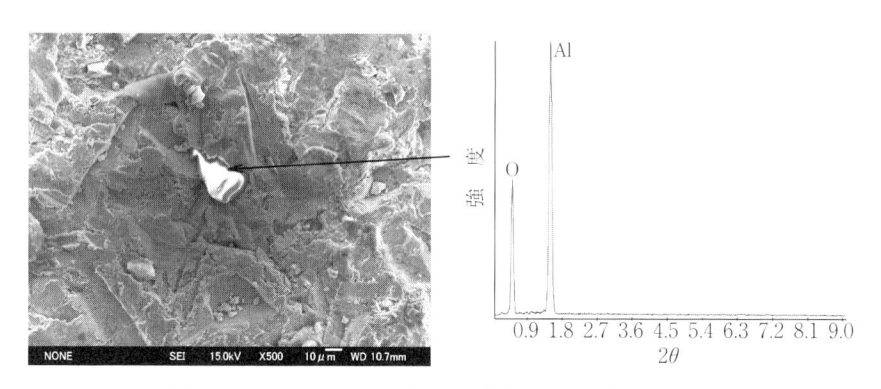

図3.58 ブラストエロージョン試験後の SS400 基材表面に存在する粒子の EPMA 分析結果（室温）

成され，保護層となる。

(2) 大気プラズマ溶射した Cr_3C_2-25%NiCr 皮膜タイプの摩耗

大気プラズマ溶射した Cr_3C_2-25%NiCr 皮膜内には，成膜時から気孔，割れが多数存在している。気孔，割れ等の欠陥が多数存在する場合，粉体粒子が皮膜表面に衝突すると，その衝撃エネルギーのために割れ，気孔等の欠陥が容易に連結する。そして薄片状に分離されて，逐次はく離，脱落を繰り返して摩耗

が進行していく．

（3） HVOF 溶射タイプの摩耗

粉体粒子が表面に衝突してせん断力により切削摩耗が生じ，表面にクレータ形状の溝が多数形成される．そして切削された部分はクレータの端に盛り上がり，最後に摩耗粉が生成される．

図 3.59 は，耐摩耗性によく適用される硬質クロムめっきと，各種溶射皮膜のブラストエロージョン摩耗量を比較したものである．

HVOF 溶射 WC-Co 皮膜が，硬質クロムめっきよりも耐摩耗性が優れていることがわかる．

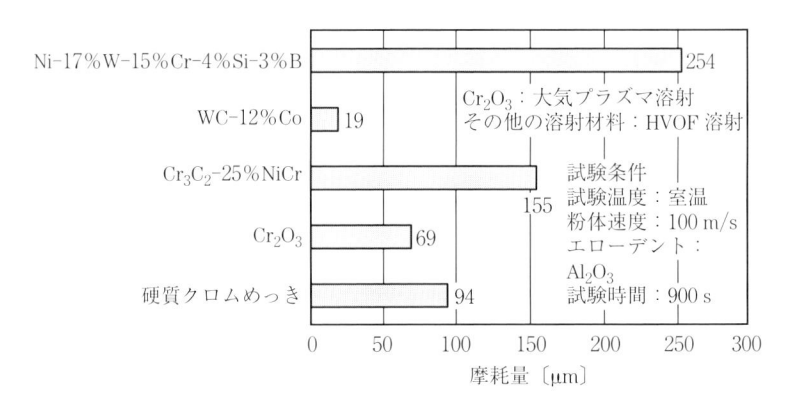

図 3.59 硬質クロムめっきおよび各種溶射材の
ブラストエロージョン摩耗量の比較結果

耐摩耗性の評価では，実際に製品の摩耗寿命を推定することが必要になる場合もある．例えば，ディーゼルエンジンの一部材はブラストエロージョン摩耗を受ける．その対策として耐摩耗材の評価を行った．

図 3.60 は，FCD400（球状黒鉛鋳鉄）基材にアルミナイズ処理した材料と，HVOF 溶射した Cr_3C_2-25%NiCr 皮膜のブラストエロージョン特性を比較したものである．アルミナイズ処理材の耐摩耗性は FCD400 の 10 倍となるが，溶射皮膜の耐摩耗性は FCD400 の 100 倍であり，HVOF 溶射法の耐摩耗性が優れていることがわかる．

3.7 耐摩耗性

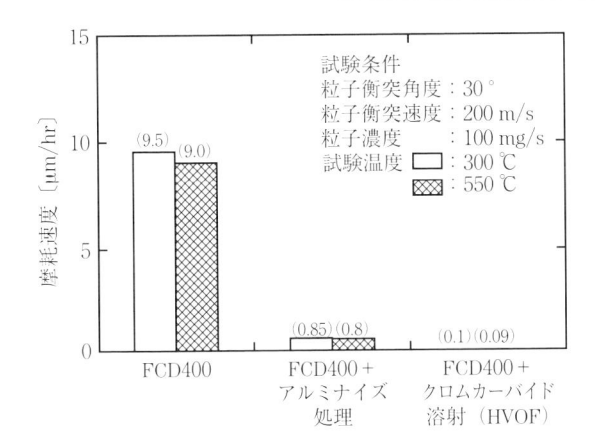

図 3.60 アルミナイズ処理材および HVOF 溶射材のブラストエロージョン特性の比較結果（300 ℃, 550 ℃）

この結果をもとにして，実際の部品の肉厚（6 mm）を貫通する時間を推定すると，**図 3.61** に示すように，HVOF 溶射皮膜の摩耗寿命は設計目標時間に設定された 5 000 時間以上になることがわかった。この後，実証試験を行って品質が検証されてから実際に溶射法が適用されることになる。

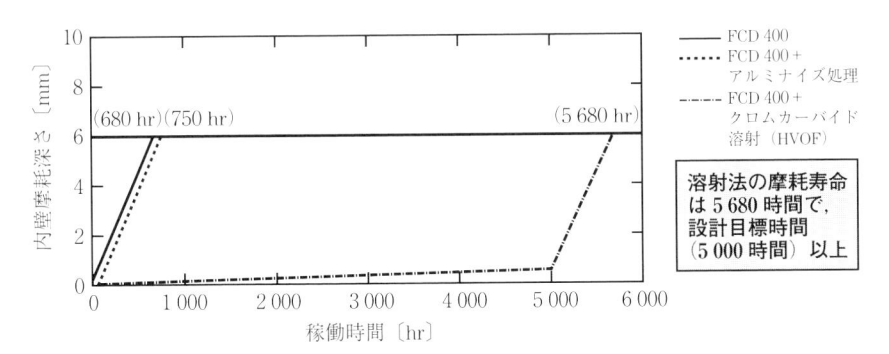

図 3.61 ブラストエロージョン摩耗寿命推定結果（加速条件下）

HVOF 溶射皮膜の耐摩耗性が優れているのは，フレームの速度が音速の数倍と速くなるため，**図 3.62** に示すように，他の溶射法に比べて非常に硬くて緻密な皮膜を得ることができるためである。また，アルミナイズ処理材よりも耐

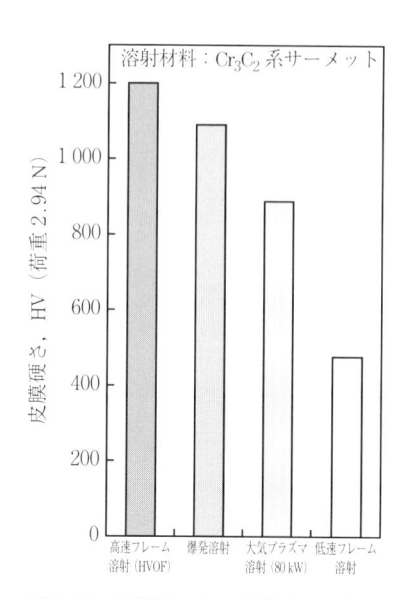

図 3.62 溶射法による皮膜硬さの違い

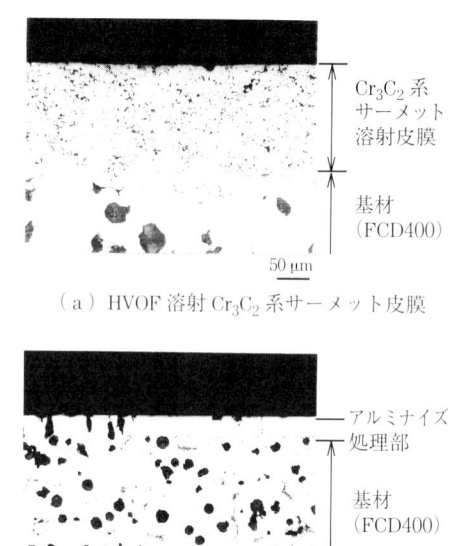

図 3.63 HVOF 溶射 Cr_3C_2-25%NiCr 皮膜とアルミナイズ処理材のミクロ組織

摩耗性がよいのは，図 3.63 に示すように溶射皮膜厚さをアルミナイズ処理部より 5 倍以上厚くできるためである。

3.8 破壊靭性

溶射皮膜の靭性（ねばさ）は，割れ発生の大きな要因となる。溶射皮膜の靭性を評価する手法としては DCB（double cantilever beam）試験法がある。その測定値は破断時のき裂長さにも依存するため，DCB 試験を改良した TDCB（tapered double cantilever beam）試験法が有効である。この試験法は，破壊靭性の測定値は破断荷重のみに依存するため，溶射皮膜の破壊靭性値を正確に評価することが可能である。

TDCB 試験は，図 3.64 に示すように斜辺を斜めにカットした試験片を

3.8 破壊靭性

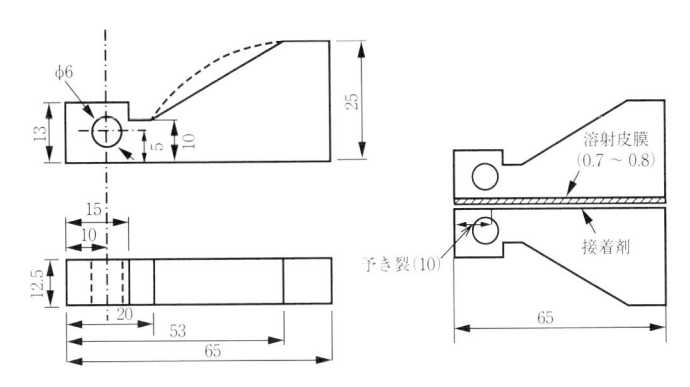

図 3.64 TDCB 試験片形状(単位 mm)

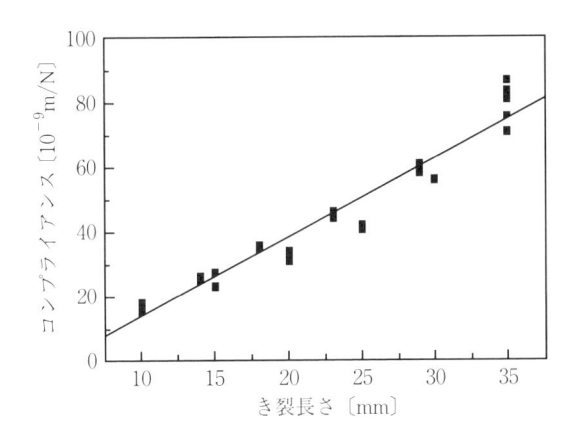

図 3.65 TDCB 試験片でのき裂長さとコンプライアンスの関係

TDCB 試験片として使用する。TDCB 試験片のコンプライアンス(き裂開口変位/荷重の変化量)は,図 3.65 に示すようにき裂と正比例関係にあることから,溶射皮膜の皮膜方向の破壊靭性値(動ひずみエネルギー解放率(G_{1c}))は,式 (3.4) で表される。

$$G_{1c} = \frac{F_c^2}{2B} \frac{\partial C}{\partial a} \ [\text{J/m}^2] \tag{3.4}$$

ここで,F_c は破壊荷重で,B は試験片の幅であり,C は試験片のコンプライアンスで,a はき裂長さである。

したがって，式（3.4）を用いることによって，破断荷重を測定するだけで溶射皮膜の破壊靭性値を求めることができる。

TDCB試験片にボンドコートとして軟鋼基材に100 μm厚のNiAl皮膜をプラズマ溶射し，トップコートとして8%wtY$_2$O$_3$で部分安定化した粒径30〜45 μmのZrO$_2$粉末（YSZ）を用いて，膜厚600〜700 μmプラズマ溶射して皮膜を積層した。

図3.66は，破壊靭性に及ぼす溶射距離の影響を示したものである。溶射距離が120 mmでは，破壊靭性値は距離が80 mmの場合の1/2に低下するのがわかる。

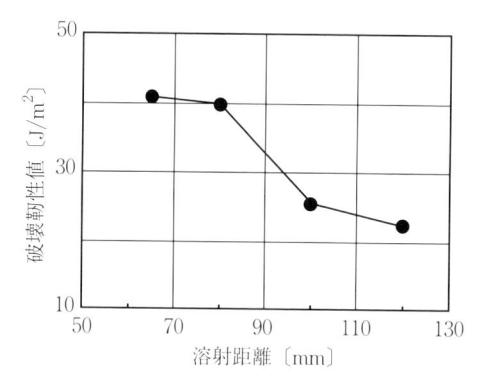

図3.66　破壊靭性値と溶射距離の影響

図3.67に溶射距離が80 mmと120 mmで溶射したままの皮膜表面の形態を示す。表面に比較的平らな扁平粒子が認められ，粒子中には垂直な縦割れが認められる。このことは，YSZ溶射皮膜は，完全溶融した溶射扁平粒子が積層して形成されたことを示唆している。

また，プラズマ溶射YSZ皮膜は，図3.68に示すプラズマ溶射アルミナ皮膜のように，積層した皮膜粒子間で多量の未結合部が存在する。

TDCB試験では，荷重は皮膜積層方向に加えられ，亀裂は粒子間を伝播し進展していく。

図3.69は，破断面の形態を示したもので，破断面は皮膜表面の形態と同じ

3.8 破壊靭性　85

溶射距離：80 mm

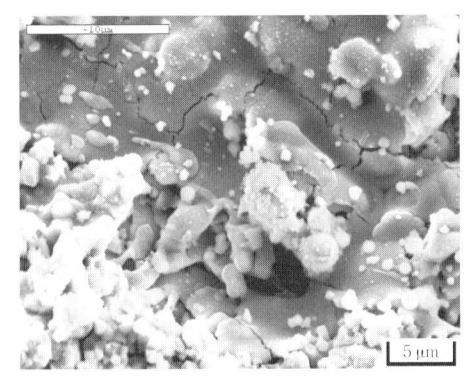

溶射距離：120 mm

図 3.67　YSZ 溶射皮膜の表面 SEM 観察結果

←積層間の未結合部

←垂直な縦割れ

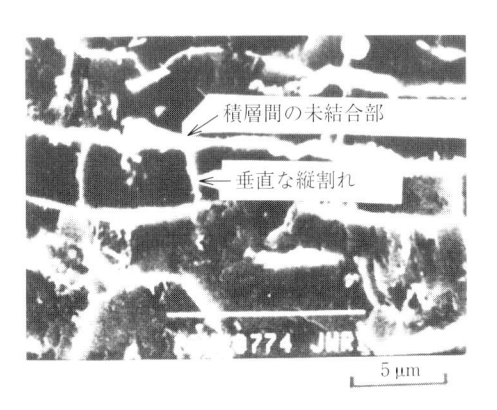

図 3.68　プラズマ溶射アルミナ皮膜の積層組織

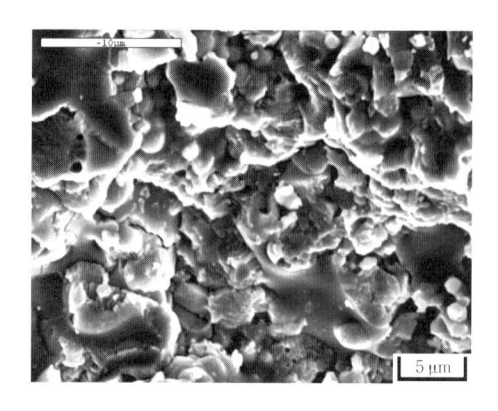

86   3. 溶射皮膜の特性および評価

溶射距離：80 mm

溶射距離：120 mm

図 3.69 TDCB 試験後の YSZ 溶射皮膜の破断面 SEM 観察結果

であることからも，き裂は試験中に皮膜の積層粒子間を伝播したことが明らかである。したがって，皮膜の粒子間の結合状態は，その破壊靭性を大きく支配する。

図 3.70 は，YSZ 溶射皮膜の粒子間結合率に及ぼす溶射距離の影響を示したものである。上述のように YSZ 溶射皮膜の破壊靭性値は，溶射距離が 80 mm から 120 mm に増加すると急激な低下が認められるが，このような変化は皮膜の粒子間結合率の溶射距離依存性と一致する。このことから，皮膜積層方向の破壊靭性値は積層粒子間の結合率に支配される。

プラズマ溶射 YSZ 皮膜の破壊靭性値と皮膜の粒子間結合率の関係を求める

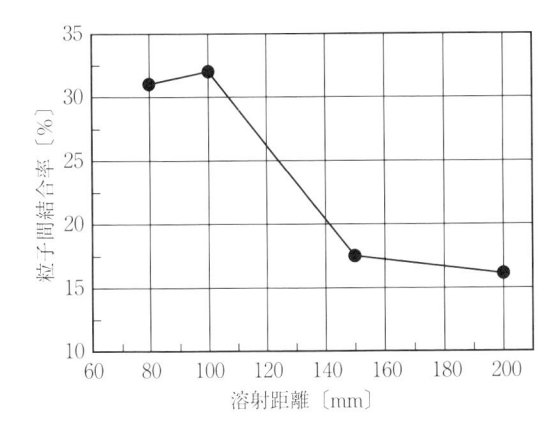

図 3.70 YSZ溶射皮膜の粒子間結合率と溶射距離の影響

と図 3.71 のように直線関係を示し，粒子間結合率が高いほど破壊靭性値も高くなるこのことから，破壊靭性は粒子間結合率に支配されていることが明らかである．プラズマ溶射されたアルミナ溶射皮膜でも同様な現象が認められている．

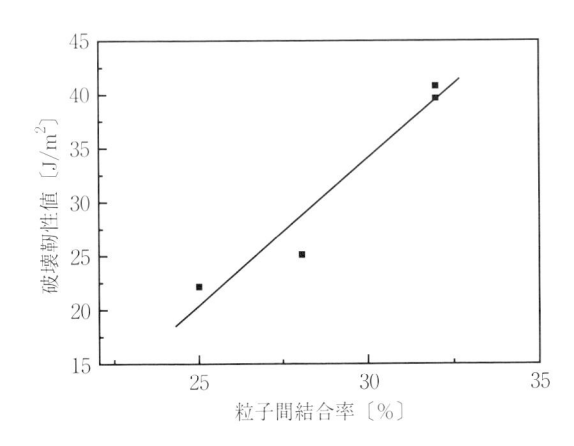

図 3.71 YSZ溶射皮膜の粒子間結合率と破壊靭性値の関係

3.9 溶射皮膜の変質

WC-Co，Cr_3C_2-NiCr などのサーメットは，耐摩耗特性に優れた溶射材料で

ある。WC-Co 溶射皮膜は 500 ℃以上の高温にさらされると WC の脱炭，酸化が顕著になるため，おもに 500 ℃までの摩耗防止に使用される。一方，Cr_3C_2-NiCr 溶射皮膜は 850 ℃までの高温で耐酸化性を有するため，WC-Co 系サーメットに比べて高温領域での摩耗防止に使われている。

これらのカーバイドは化学安定性を欠くため，高温になると酸化されやすくなる。カーバイド系サーメット溶射粒子は，溶射中に高温のフレームにさらされるため，カーバイドは酸化する。その酸化によって皮膜の耐摩耗性を持たせるカーバイド粒子の脱炭が生じて耐摩耗性の低い低級炭化物になり，極端な場合は金属まで脱炭して皮膜の耐摩耗性を著しく低下させる。

この対策として，高速フレーム（HVOF）溶射を使用することによってカーバイドの脱炭はある程度抑えることができる。溶射中の炭素量の減少は，使用する粉末の構造，粉末中のカーバイド粒子のサイズに大きく左右される。

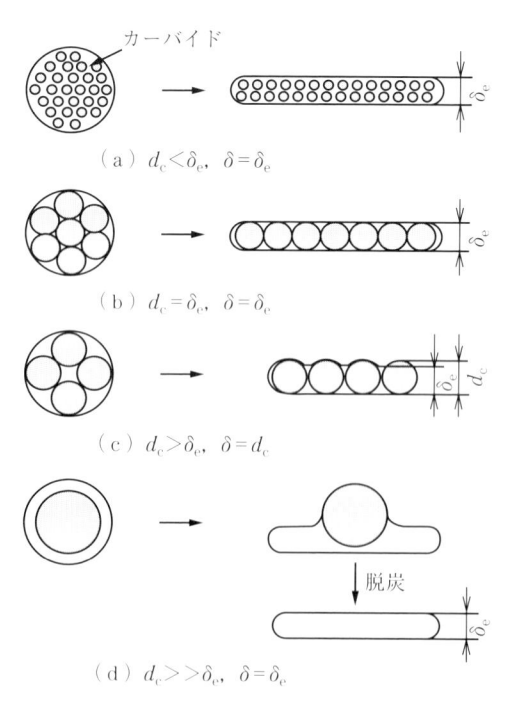

（a）$d_c < \delta_e$, $\delta = \delta_e$

（b）$d_c = \delta_e$, $\delta = \delta_e$

（c）$d_c > \delta_e$, $\delta = d_c$

（d）$d_c \gg \delta_e$, $\delta = \delta_e$

図 3.72　カーバイド粒子の脱炭のメカニズム

酸化による炭素の損失は全体の一部であり，支配的な炭素損失メカニズムは図3.72に示すように大きなカーバイド粒子の跳ね返りによる。

図3.73は，HVOF溶射Cr_3C_2-NiCr皮膜の炭素含有量とビッカース硬さの関係を示す。炭素量が多いほど，溶射皮膜の硬さも高くなることがわかる。

図3.74は，溶射粉末のカーバイド粒子径と摩耗減量の関係を示したもので，カーバイド粒子径が大きいと皮膜の摩耗減量も大きくなることがわかる。これは，大きなカーバイド粒子が跳ね返って脱炭するためである。

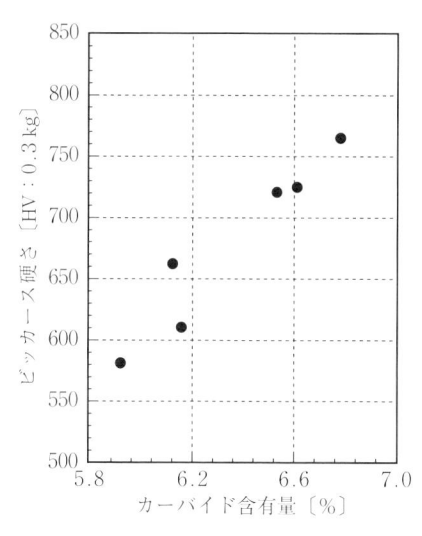

図3.73 皮膜中のカーバイド含有量とビッカース硬さの関係

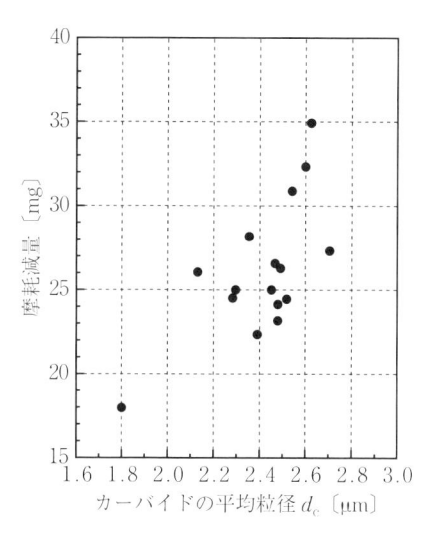

図3.74 溶射粉末のカーバイドの平均粒径と摩耗減量の関係

3.10 電気的性質

一般的に，アルミニウムなどの金属溶射皮膜は，導電性がよいので導電皮膜，電気抵抗体として用いられる。また，アルミナなどのセラミックス溶射皮膜は，比誘電率が高い。またセラミックス溶射皮膜は，電気抵抗や絶縁破壊電圧が高いので絶縁皮膜としても用いられる。

図 3.75 に，大気プラズマ溶射と減圧プラズマ溶射したアルミナ皮膜の比誘電率の例を示す。図 3.76 および図 3.77 は，大気プラズマ溶射と減圧プラズマ溶射したアルミナ皮膜の体積抵抗率と絶縁破壊電圧の例を示したものである。

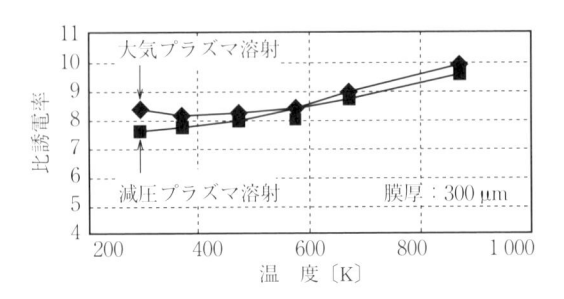

図 3.75　Al_2O_3 溶射皮膜の温度と比誘電率の例

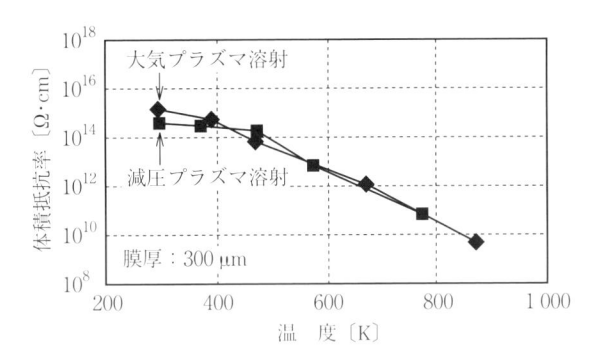

図 3.76　Al_2O_3 溶射皮膜の温度と体積抵抗率の例

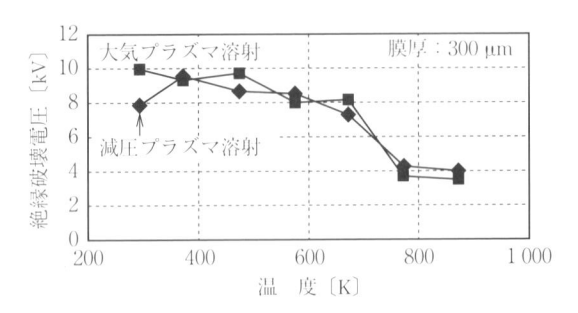

図 3.77　Al_2O_3 溶射皮膜の温度と絶縁破壊電圧の例

3.11 残留応力

溶射時に生じる皮膜の残留応力は溶射法により異なる。図 3.78 に，HVOF 溶射と大気プラズマ溶射をしたときに皮膜に生じる残留応力を示す。

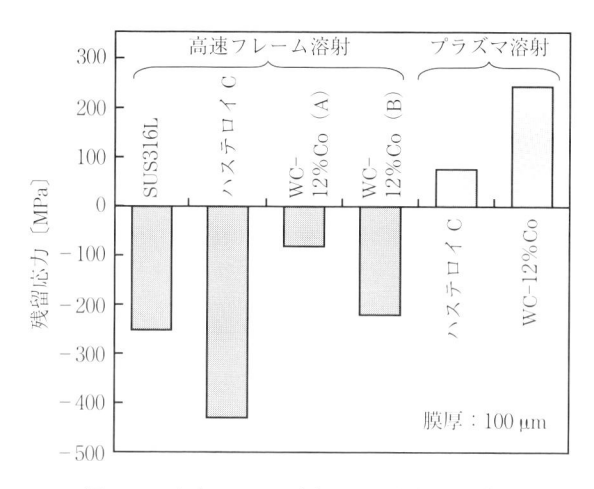

図 3.78 高速フレーム溶射および大気プラズマ溶射により生じる残留応力

HVOF 溶射をした場合は圧縮応力が生じ，例えば WC-Co 皮膜では 200 MPa 程度の圧縮応力となる。一方，大気プラズマ溶射をした場合は引張応力が生じ，例えば Cr_3C_2-NiCr 皮膜では 200 MPa 程度の引張応力が生じる。また，溶射皮膜の膜厚が厚くなると残留応力は蓄積される。これらの残留応力は溶射皮膜の密着強さに影響を与えることがある。

4 溶射技術の応用

溶射技術の進歩は著しく,プラズマ溶射,高速フレーム(**HVOF**)溶射,爆発溶射などの各種の溶射法が実用化されている。また,レーザ溶射も開発された。これらの溶射技術は,鉄鋼構造物,各種の機械製品や装置の部材,器具などの表面に,耐環境性を向上させるために用いられる。耐熱性,遮熱性,耐食性,耐摩耗性などの基材表面の性能を向上させることを目的とする。

また,溶射技術は,基材が持たない新しい機能を製品に付与するために用いられる。導電性,電気絶縁性,熱放射性などの新しい機能を基材表面に付けることを目的とする。このように,溶射技術は多くの分野で適用されるようになった。本章では,筆者が今までに関わった溶射応用研究を,主として溶射適用事例について説明する。

4.1 航空機のジェットエンジン

ガスタービンの用途として代表的な航空機のジェットエンジンでは,**図4.1**に示すように,耐熱性,耐酸化性,耐摩耗性,耐フレッティング性,アブレイダブル性などの性能を満たすために,溶射技術が多くの部品に適用されている。

4.1.1 熱サイクル特性

ガスタービンは,出力の増大,変換効率の向上,環境負荷低減のため,タービン稼働温度の高温化が推進されている。そのためガスタービンの動・静翼

4.1 航空機のジェットエンジン　93

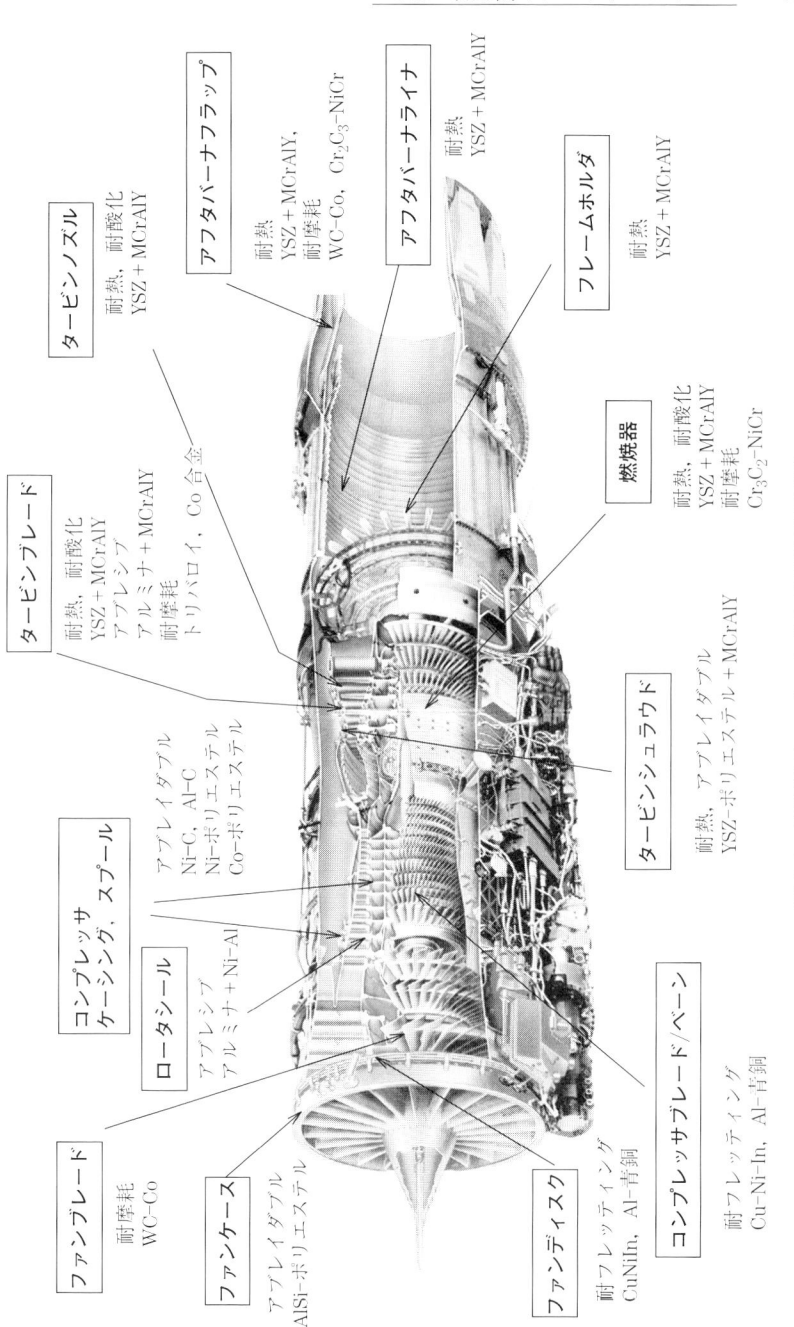

タービンノズル
耐熱, 耐酸化
YSZ + MCrAlY

アフタバーナフラップ
耐熱
YSZ + MCrAlY,
耐摩耗
WC-Co, Cr_3C_2-NiCr

アフタバーナライナ
耐熱
YSZ + MCrAlY

フレームホルダ
耐熱
YSZ + MCrAlY

タービンブレード
耐熱, 耐酸化
YSZ + MCrAlY
アブレシブ
アルミナイト + MCrAlY, Co合金
耐摩耗
トリバロイ, Co合金

燃焼器
耐熱, 耐酸化
YSZ + MCrAlY
耐摩耗
Cr_3C_2-NiCr

タービンシュラウド
耐熱, アブレイダブル
YSZ-ポリエステル + MCrAlY

コンプレッサ
ケーシング, スプール
アブレイダブル
Ni-C, Al-C
Ni-ポリエステル
Co-ポリエステル

ロータシール
アブレシブ
アルミナイト + Ni-Al

ファンブレード
耐摩耗
WC-Co

ファンケース
アブレイダブル
AlSi-ポリエステル

ファンディスク
耐フレッティング
CuNiIn, Al-青銅

コンプレッサブレード/ベーン
耐フレッティング
Cu-Ni-In, Al-青銅

図 4.1　航空機ジェットエンジンの溶射適用部位

(Co 基や Ni 基超合金)には,**図 4.2** に示すように断熱皮膜(TBC)が適用されている。TBC はボンドコートの MCrAlY(M: 金属元素)とトップコートの 8%wtY$_2$O$_3$ 部分安定化 ZrO$_2$(YSZ と呼ぶ)の 2 層構造になっている。ガスタービンは,稼働中に熱応力や燃焼ガスなどにより MCrAlY ボンドコートと YSZ の間に厚い Al$_2$O$_3$ 酸化層(thermally grown oxide:TGO と呼ぶ)が生じて(図 4.3 参照)熱ひずみが負荷され,その部分ではく離して熱サイクル寿命となる。

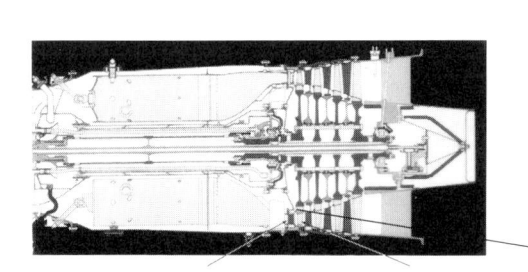

第 1 段静翼　　　第 1 段動翼

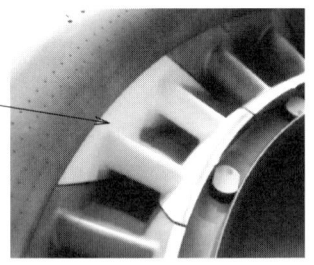

静翼

静翼への断熱皮膜(TBC)

図 4.2　ガスタービン動・静翼への TBC 適用

ガスタービンの動・静翼に適用される遮熱溶射皮膜では,以下の①〜③の研究がされている。

① **電子ビーム物理蒸着(EB-PVD)技術の適用**:EB-PVD によってトップコートの YSZ を柱状晶化して熱ひずみを緩和させる研究がされている。この手法では装置が大きくなりコストが非常に高い。また,トップコートとボンドコートの界面の密着力に課題がある。
② **大気プラズマ溶射による柱状晶化**:EB-PVD の代わりに,簡易的に大気プラズマ溶射を用いてトップコートを柱状晶化する研究例もあるが,条件

設定が難しい。

③ **トップコートの緻密化**：トップコートを熱処理で焼結して緻密化したり，微量元素を添加して酸化性を向上させる研究も行われているが，熱ひずみの緩和に難があり，コストも高くなる。

熱サイクル寿命延伸が期待できる新しい TBC として，現状 2 層構造である遮熱溶射皮膜に，酸化で生じる SiO_2 が自己修復性（き裂内を SiO_2 で充填する機能）を有する $MoSi_2$ と NiCrAlY との混合皮膜を中間層に導入して，ボンドコートの酸化を防止し TGO の生成を抑える手法を一例として挙げることができる。

表 4.1 に示す各種溶射皮膜候補についての熱サイクル試験結果から，**表 4.2** のように中間層を導入した新しい TBC の熱サイクル特性が良好であることがわかる。

新しい TBC の中間層に導入した $MoSi_2$ と NiCrAlY との混合皮膜は，酸化に

表 4.1 各種の溶射皮膜の熱サイクル試験結果

溶射皮膜	皮膜 A	皮膜 B	皮膜 C (現状法)	皮膜 D (新しい方法)	皮膜 E
ボンドコート	NiCrAlY (LPPS*)	NiCrAlY (LPPS)	NiCrAlY (LPPS)	NiCrAlY (LPPS)	NiCrAlY (LPPS)
中間層	$MoSi_2$ + YSZ (APS**)	$MoSi_2$ (APS)	―	$MoSi_2$ + NiCrAlY (LPPS)	―
トップコート	YSZ (APS)	YSZ (APS)	YSZ (APS)	YSZ (APS)	YSZ + $MoSi_2$ (APS)

＊減圧プラズマ溶射，＊＊大気プラズマ溶射

表 4.2 各種の溶射皮膜の熱サイクル特性

溶射皮膜	皮膜 A	皮膜 B	皮膜 C	皮膜 D	皮膜 E
破損繰返し数	1	1	20	60 (破損なし)	1
破損位置	中間層とボンドコートの間	中間層とボンドコートの間	トップコートとボンドコートの間	―	トップコートとボンドコートの間

より形成される緻密で保護性のある SiO_2 皮膜が熱応力などで生じるき裂（気孔）などを封孔する特性を有しており，おもにき裂などを経由する大気からの酸素侵入が阻止されてボンドコートの酸化が防止される．

また，中間層は緻密であり，熱サイクルでの熱膨張・熱収縮も傾斜的に緩和されるため，**図 4.3** に示すように，はく離の主原因となる TGO の生成が抑えられ，熱サイクル特性が向上すると推定される．

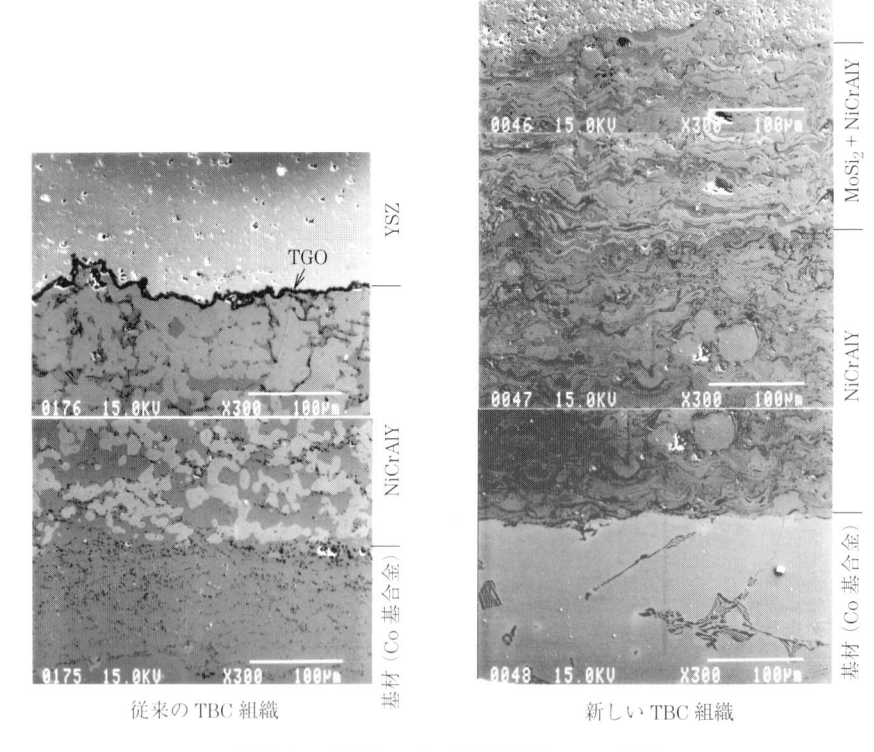

図 4.3　1 000 ℃ で 100 時間酸化後の TBC 組織

4.1.2 ジェットエンジンにおけるアブレイダビリティ

ジェットエンジンの効率を上げるために，圧縮機の動翼の先端とケーシング部の隙間をできるだけ小さくし，動翼の前後の圧力差を大きくする必要がある。その際，動翼の先端が相手溶射皮膜を容易に切削できるようになっている。この削れやすさがアブレイダビリティ（被切削性）である。

溶射皮膜のアブレイダビリティは，図4.4（口絵参照）に示すような装置を使って溶射試験片を回転体で切削し，溶射皮膜の削れやすさを評価する。

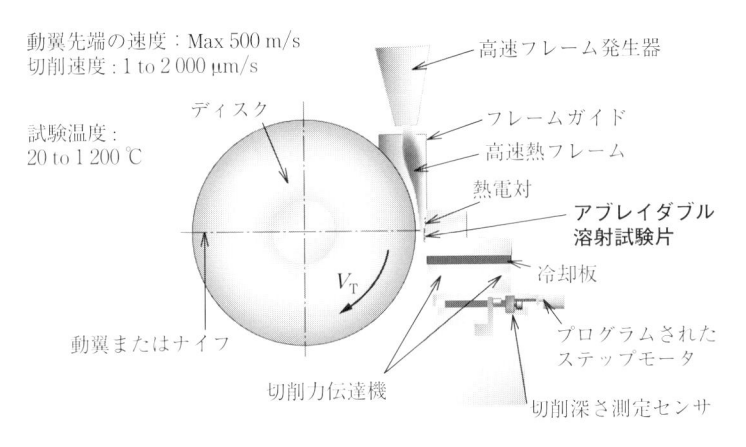

図4.4 アブレイダブル試験装置の概略

図4.5は，圧縮機のケーシング部にアブレイダブル溶射を施工した一例である。溶射皮膜のミクロ組織は，図4.6のようにAl/Siの地（白色）にポリエ

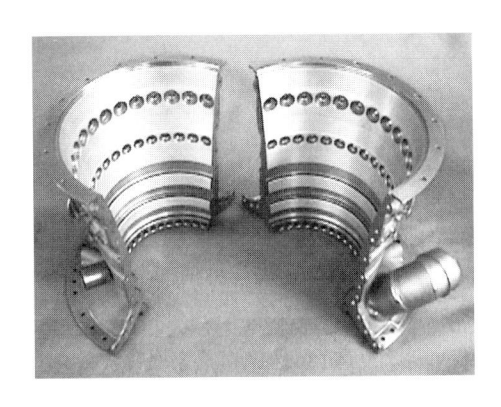

図4.5 アブレイダブル溶射した圧縮機ケーシング部

98 　4. 溶射技術の応用

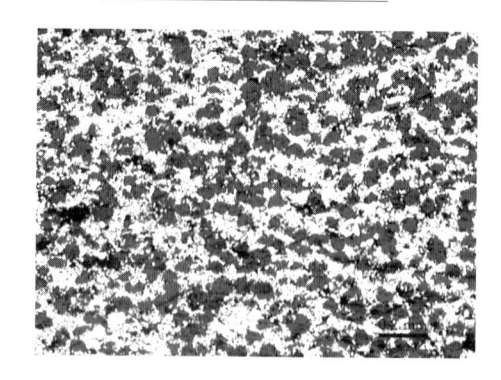

●Al/Si-ポリエステル

図 4.6　アブレイダブル溶射部の
　　　　ミクロ組織

ステル（灰色）が混在した組織となっている。

　また，アブレイダブル溶射皮膜はいろいろな稼働温度で適用されており，**図 4.7** に示すように使用温度によって異なる種類のものが使われている。低温部ではアブレイダブル材としておもにポリマーが使用されている。1 000 ℃以上の高温部では，TBC 用に使用される MCrAlY がアブレイダブル材としても適用されている。

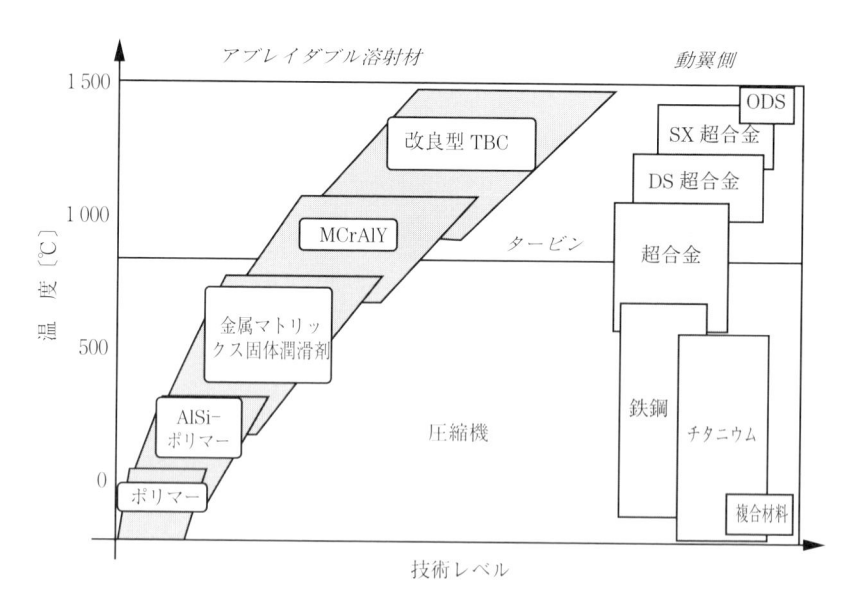

図 4.7　アブレイダブル溶射皮膜と使用温度の関係

4.1.3 耐摩耗性

タービン動翼などは耐摩耗性のため Co 基合金，燃焼器は耐摩耗性のため Cr_3C_2-NiCr 皮膜，アフタバーナやファン動翼は，図 4.8 に示すように耐摩耗性のため HVOF 溶射した WC-Co 皮膜が使用されている。

（a）ファン動翼

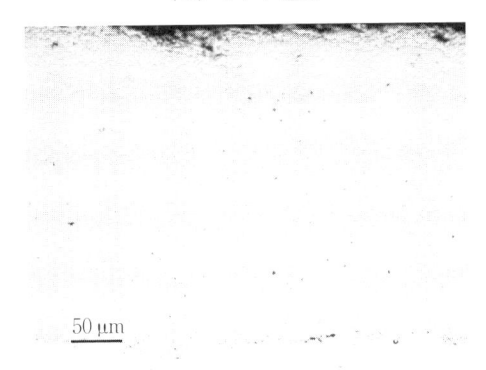

50 μm

（b）HVOF 溶射 WC-Co 皮膜の組織

図 4.8　ファン動翼への HVOF 溶射 WC-Co 皮膜の適用

図 4.9　Cu-Ni などがプラズマ溶射されたファンディスク

4. 溶射技術の応用

圧縮機の動・静翼やファンディスク（**図4.9**）は耐フレッティングのためプラズマ溶射したCu-Ni，Cu-Ni-In，またはAl-ブロンズ皮膜などが用いられている。

4.2 内燃機関ピストン

自動車などの内燃機関は燃費改善が求められている。一般的に動力エネルギーとして使用しているのは約30％で，他は排気損失（約30％），冷却損失（約30％），機械損失（約10％）となっている。したがって，冷却損失を低減できれば燃費は大幅に向上する。

そのための一手法として，**図4.10**に示すようにピストン頭部に遮熱溶射を行い，熱の損失を防ぐ方法がある。

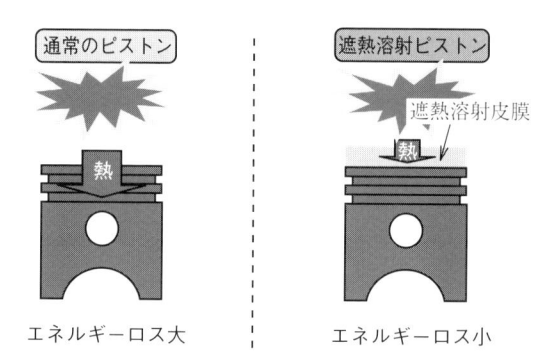

図4.10 ピストン頭部への遮熱溶射適用による燃費の向上

ピストン材がAl-Si合金である場合，Al-Si合金基材に遮熱効果が期待できる

①アルミナ（ボンドコート：Ni-Al（プラズマ溶射），トップコート：Al_2O_3（プラズマ溶射）），

②TBC（ボンドコート：CoNiCrAlY（HVOF溶射），トップコート：YSZ（プラズマ溶射）），

③SUS316（基材と線膨張率が近いため選定）

の3種類について，熱サイクル特性および遮熱効果の比較評価結果を以下に示す。

表 4.3 は熱サイクル試験結果である。アルミナは，膜厚が 400 μm では数サイクルで図 4.11 に示すように，はく離，割れが発生するが，TBC および SUS316 は 100 回までの熱サイクル付加では，はく離，割れの発生はない。

表 4.3 熱サイクル試験結果

材質 膜厚	① Al_2O_3（アルミナ）			② TBC（YSZ）			③ SUS316		
	1回目	2回目	3回目	1回目	2回目	3回目	1回目	2回目	3回目
150 μm	○	○	○	○	○	○	○	○	○
300 μm	はく離5	はく離5	はく離2	○	○	○	○	○	○
400 μm	はく離5	はく離5	割れ2 はく離3	○	○	○	○	○	○

注1) 50 ℃ → 500 ℃ → 50 ℃の熱サイクルを 100 回まで負荷。
注2) 割れ，はく離の後ろの数字は割れ，はく離が確認されたサイクル数を示す。
また，○は 100 サイクルで割れ，はく離が見られなかったものである。

試験前

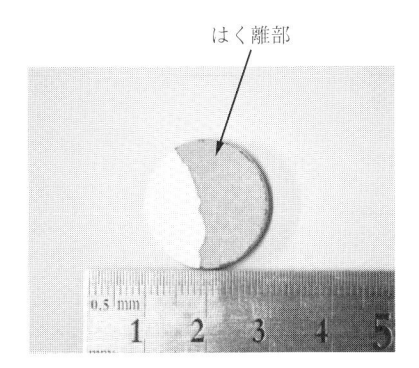

はく離部

試験後

図 4.11　Al_2O_3 皮膜の熱サイクル試験によるはく離の発生

図4.12に遮熱効果測定結果を示す。②TBCの遮熱効果は良好であるが，①アルミナおよび③SUS316皮膜の遮熱効果は小さいことがわかる。

表4.4に経済性も含めた総合評価結果を示す。②TBCは熱サイクル特性が優れているが，遮熱効果，経済性も含めて総合的に評価すると，③プラズマ溶射SUS316皮膜がピストンへの溶射材料として適切であることがわかる。

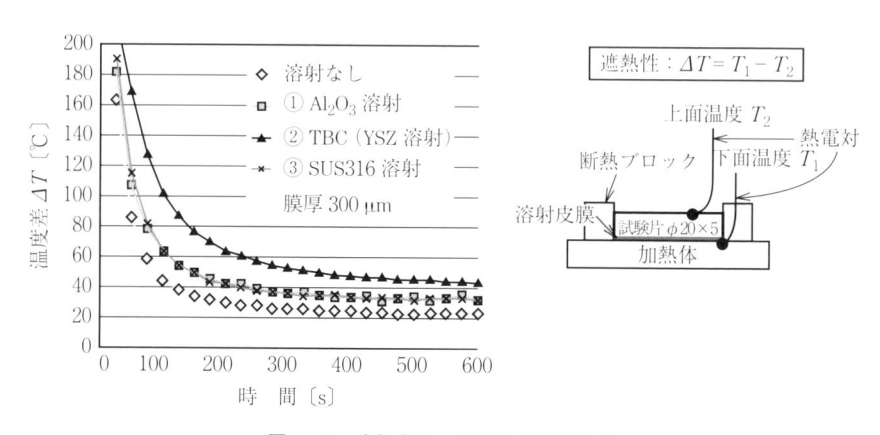

図4.12 溶射皮膜の遮熱効果測定結果

表4.4 総合評価結果

	① Al_2O_3	② TBC（YSZ）	③ SUS316
熱伝導率〔W/(m・k)〕	30	4	16.7
熱膨張係数〔$\times 10^{-6}$/℃〕	8	10	16.1
融点〔K〕	1 700	2 700	1 400
熱サイクル特性	×	○	○
遮熱性	○	◎	○
コスト	○	△	○

◎：優，○：良，△：可，×：不可

4.3 半導体製造装置（アーム部）

半導体製造装置のアーム部（図4.13）には，ウエハー製造過程での加熱により温度上昇して熱膨張するとウエハーを移動させるときの精度が悪くなるた

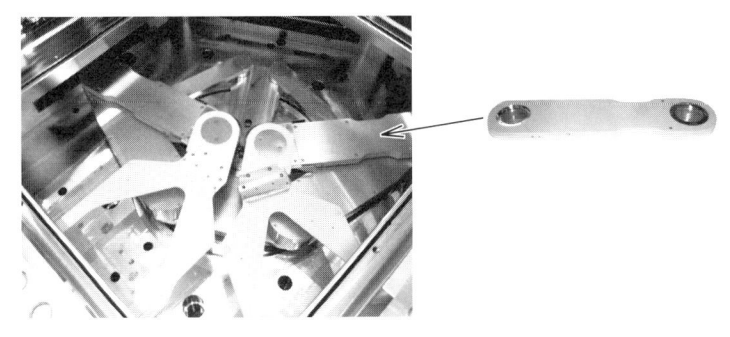

図 4.13 半導体製造装置のアーム部

めに，遮熱溶射がされている。

現状は，アルミニウム合金基材にアルミナ（Al_2O_3）をプラズマ溶射される。これは 4.2 節のピストンの遮熱溶射と同じようなケースであり，耐熱性が期待できる 3 種類の溶射皮膜についての総合評価（表 4.4）から，半導体製造装置のアーム部についても，プラズマ溶射 SUS316 皮膜が適切な候補皮膜になり得る。

4.4 火力発電ボイラ

火力発電ボイラの蒸発器管，過熱器管などの伝熱管は，燃焼中に含まれる硫黄分やアルカリ金属化合物の溶融塩による高温腐食，および石炭灰の衝突によるエロージョン雰囲気下にある。これらの高温腐食，エロージョンを防止するために各種溶射技術が適用されている。

図 4.14 は，ボイラ伝熱管の腐食，摩耗対策として適用している代表的な溶射技術をまとめたものである。

50%Cr-50%Ni は耐食性と耐摩耗性を両立できる優れた材料であり，プラズマ溶射によって施工する。

クロムカーバイドは，材料に炭化クロム（Cr_3C_2）とニッケルークロム（NiCr）合金の混合物（サーメット）を用いており，フレーム溶射により施工

104   4. 溶射技術の応用

用途	溶射材	溶射法	皮膜組織
耐食・耐摩耗性	50Cr-50Ni 成分 0.1Si-0.3Al-45Cr-残Ni 硬さ：HV400〜500	プラズマ溶射	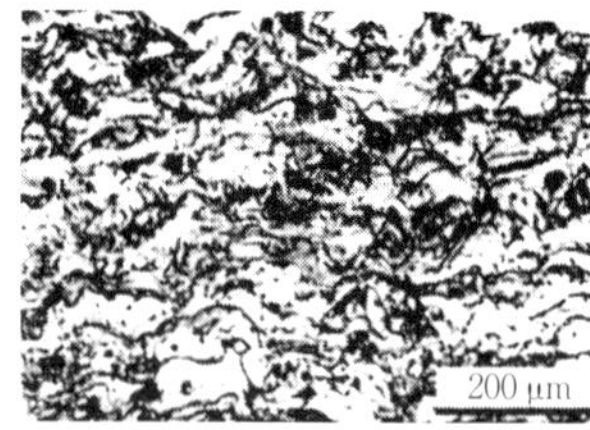
耐摩耗性	クロムカーバイド 成分 75%Cr_3C_2 ＋25%(80Ni-20Cr) 硬さ：HV 700〜800	高速ガス フレーム溶射	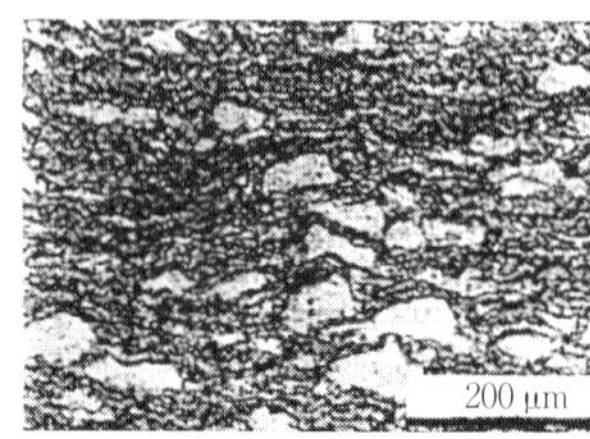
	自溶性合金 (JIS MSFNi4 相当) 成分 16Cr-4B-4Si-0.5C-2.5Fe -3Mo-3Cu-残Ni 硬さ：HV 700〜800	粉末式ガス フレーム溶射	
	13Cr鋼 (JIS SUS420J2 相当) 成分 0.35C-13Cr-残Fe 硬さ：HV 300〜450	溶線式ガス フレーム溶射 または アーク溶射	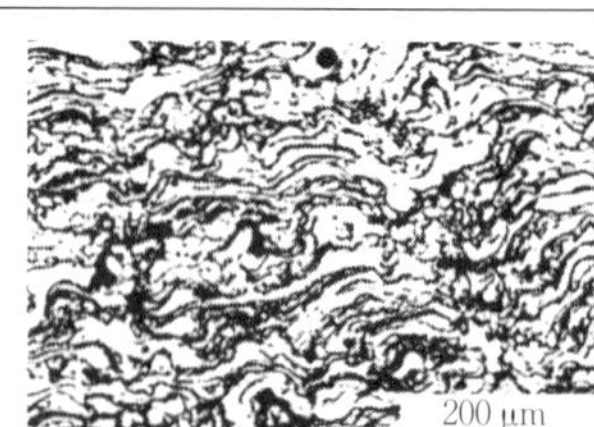
	17Cr鋼 成分 5C-3Ti-17Cr-残Fe 硬さ：HV 600〜750	アーク溶射	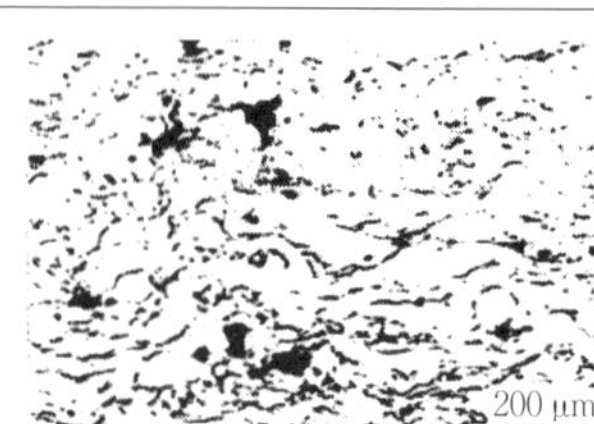

図4.14　代表的なボイラ伝熱管用耐食・耐摩耗溶射技術

する。非常に高い硬さを示し良好な耐摩耗性を有する。

　自溶性合金はフレーム溶射後，ガス炎や高周波誘導加熱によって再溶融処理を行う。ニッケルマトリックス中に微細なケイ素，ホウ素化合物が形成されるため優れた耐摩耗性を示し，溶融処理により基材と冶金的に結合するため溶射皮膜の密着強度は高い。

　13Cr鋼は，マルテンサイト系鋼であるため良好な耐摩耗性を示し，比較的安価な材料である。

　17Cr鋼は，マルテンサイトマトリックス中にクロムカーバイド粒子が分散した組織を持ち，優れた耐摩耗性を有する。

4.4.1　オリマルジョン焚ボイラ火炉壁

オリマルジョンは天然アスファルトと水，界面活性剤を混合したものであ

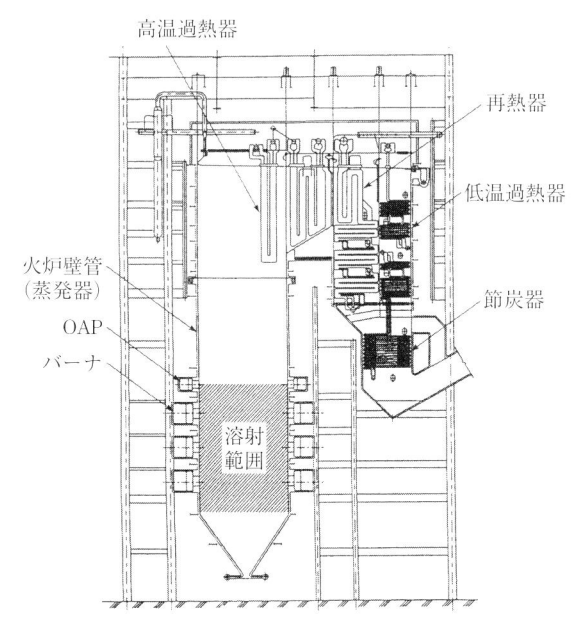

図4.15　重油焚ボイラの全体図および50%Cr-50%Niプラズマ溶射適用範囲

り，硫黄，バナジウム，マグネシウムの含有量が多いという特徴がある。ボイラで燃焼する場合，炉底部からバーナ上部の空気孔（OAP：over air port，オーバエアポート）以下の還元燃焼領域の火炉壁管で著しい硫化腐食が生じるため，プラズマ溶射により耐食性の優れた50%Cr-50%Ni溶射を行っている。

図4.15に，硫化腐食対策として50%Cr-50%Ni溶射したボイラ全体組立図と溶射適用範囲を示す。溶射は炉底部からOAPまでの広範囲（約900 m^2）に対して実施している。

4.4.2 微粉炭焚ボイラ火炉壁

微粉炭焚ボイラでは，ウォールデスラガ火廻り（OAPと微粉炭バーナの間）のスチームに石炭灰が巻き込まれ，周辺の炉壁に石炭灰による顕著な摩耗減肉が生じるため，HVOF溶射によるCr_3C_2-25%NiCr溶射が適用されている。

摩耗寿命の点では50%Cr-50%Niプラズマ溶射のほうが有利なため，熱衝撃の面で厳しい伝熱管に対してはCr_3C_2-25%NiCr溶射に代わり適用している。

4.4.3 加圧流動層ボイラ層内管，火炉壁管

加圧流動層ボイラの伝熱管は流動層内に設置されるため，ベッド材の連続的な衝突を受けるが，ベッド材の流動速度が小さいことから，摩耗環境は比較的穏やかである。

伝熱管のうち，過熱器管などの比較的温度が高い部位では鋼管自身の表面に酸化皮膜が形成され，摩擦に対して保護効果を発揮する。しかし，温度の低い蒸発器管では摩耗に対して有効な酸化皮膜の形成が期待できないため，優れた耐摩耗性と同時に高い密着強度が得られる自溶合金溶射（フレーム溶射後1050℃でフュージング処理）を適用している。

また，火炉壁管は層内管ほど摩耗が激しくないため，アーク溶射によるマルテンサイト系13Cr鋼により耐摩耗性を確保している。

4.4.4　循環流動層ボイラ火炉壁

循環流動層ボイラでは，火炉底部の火炉壁と耐火材の境界部において，フライアッシュ（石炭灰）の衝突による激しい摩耗が生じ，摩耗対策が重要な課題となっている。耐摩耗性が優れ皮膜厚さを厚くできるマルテンサイト系の17Cr鋼アーク溶射を適用したところ，摩耗対策として有効であることが確認されている。

4.5　ボイラ用通風機

石炭焚き火力発電プラントの排気ガス用誘引通風機（induced draft fan：IDF）（図4.16）の動翼は，フライアッシュ（石炭灰）の衝突による激しい摩耗雰囲気下で運転されるため，摩耗損傷が懸念される。対策として，今までは動翼の前縁部（ステンレス系鋼板）に硬質クロムめっきを施した着脱可能な動翼前縁耐摩耗カバー（ウェアリングノーズ）を取り付け，動翼基材（アルミニウム）を摩耗から保護してきた。

図4.17はウェアリングノーズを組み付けた動翼であり，前縁部には硬質クロムめっきが施されている。

図4.16　ボイラ用誘引通風機

108   4. 溶射技術の応用

ウェアリングノーズ（硬質クロムめっき）

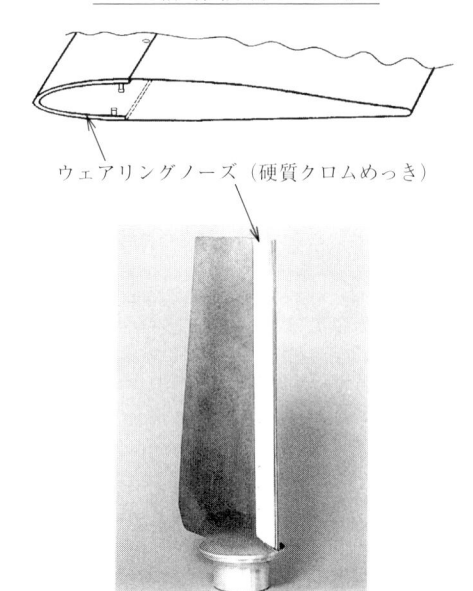

図4.17 ウェアリングノーズを組み付けた動翼

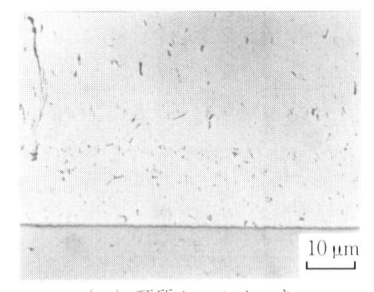

(a) 硬質クロムめっき

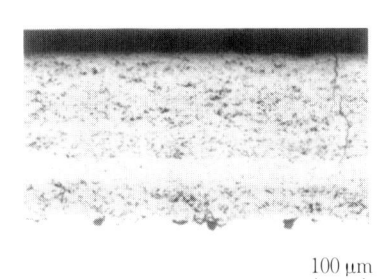

(b) WC系溶射皮膜（A材）

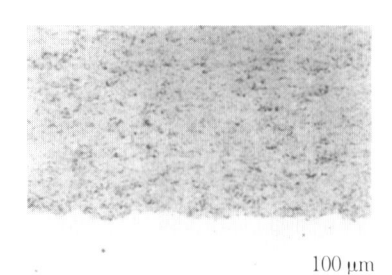

(c) WC系溶射皮膜（B材）

図4.18 硬質クロムめっきとWC系溶射皮膜の断面ミクロ組織

4.5 ボイラ用通風機

しかし，硬質クロムめっきは廃液処理（六価クロム）などの問題があるため，代替法としてHVOF溶射によるWC-Coサーメット溶射をウェアリングノーズへ適用する手法を採用し，耐摩耗性の向上も図れることを確認した。

図4.18は，皮膜断面のミクロ組織を示したもので，図（a）硬質クロムめっきには多数の空孔，クラックが存在している。WC系皮膜にも空孔は存在したが，図（b）A材ではクラックが見られたのに対して，図（c）B材では観察されない。

図4.19は，WC系溶射皮膜と硬質クロムめっきのブラストエロージョン摩耗試験結果である。WC系溶射皮膜は硬質クロムめっきよりも高い耐ブラストエロージョン性を持つことがわかる。このことは，硬質クロムめっきのビッ

試験条件 供試材	試験温度	衝突速度 $[m \cdot s^{-1}]$	衝突角度 $[°]$	粉体噴射量 $[mg \cdot min^{-1}]$	試験時間 $[min]$
硬質クロムメッキ WC系溶射皮膜：A材 WC系溶射皮膜：B材	室温	183	15～90	63	30

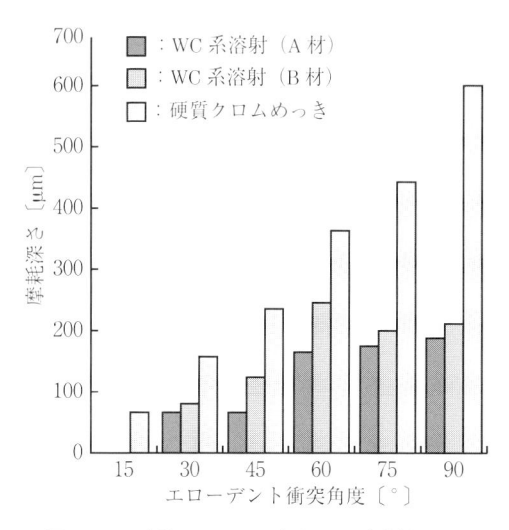

図4.19 硬質クロムめっきとWC系溶射皮膜の
ブラストエロージョン摩耗試験結果

4. 溶射技術の応用

カース硬さが760 HV（平均）に対して，溶射皮膜断面のビッカース硬さは1 050 HV(平均) となり，溶射皮膜の方が硬い皮膜であることに対応している。

4.6 プラスチックシート製造用ロール

プラスチックシートは，薬の包装，いすの外カバーなどの各種シートとして広く使用されている。プラスチックシート製造設備では，**図 4.20** に示すロール（チルド鋳鉄）が使用されている。そのロール表面には表面粗度の向上と耐摩耗性のために硬質クロムめっきが施されているが，めっき処理での六価クロムの廃液処理などの環境保全上の課題がある。そこで，硬質クロムめっきの代

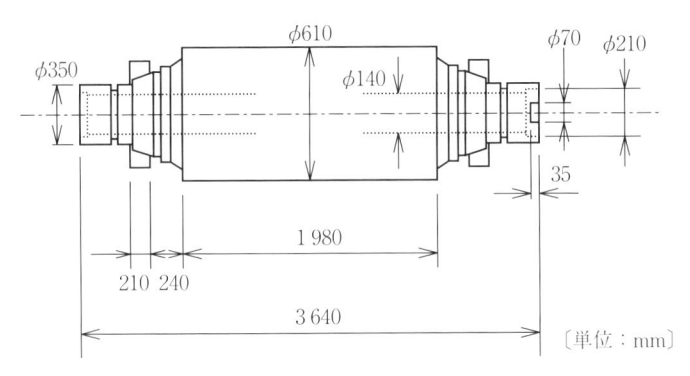

図 4.20 プラスチックシート製造用ロール（C24型ロール）図

表 4.5 各種の溶射試験材の評価

溶射材料	溶射法	膜厚 [μm]
① 自溶合金 (Ni-17%W-15%Cr-4%Si-3%B)	HVOF 溶射法	500
② サーメット (WC-12%Co)	HVOF 溶射法	500
③ サーメット (Cr_3C_2-25%NiCr)	HVOF 溶射法	500
④ セラミックス (Cr_2O_3)	大気プラズマ溶射法 （APS）	300
⑤ 比較材 （硬質クロムめっき）	—	100

替法として耐摩耗性材料を用いた高速フレーム（HVOF）溶射に注目し，ロールの性能向上，摩耗寿命の延伸，メンテナンスコストの低減を図るため，その実用性を評価した。

表4.5に示す4種類の溶射試験材（①〜④）と硬質クロムめっき（⑤）について，各種の評価を行った。

コーヒーブレイク

研究成果を実機適用するための課題

一般的に実験室で基礎研究を行い成果が出ても，その成果を即，実機に適用できない。例えば，船舶に搭載する過給機では，タービンハウジングのスクロール内壁面の摩耗寿命の長寿命化のため，Cr_3C_2-25%NiCrを高速フレーム溶射する手法を開発した。しかし，溶射法を実際に適用するには二つの課題があった。課題①：スクロール内壁は曲面形状で狭いこと，課題②：溶射の効率化と品質確保，であった。

課題①に対しては，図1のように内径ガン（A）を考案し，マスキング治具（B）を施して内面溶射ができた。課題②に対しては，多関節ロボット（C）により溶射の自動化を行ったが，狭い内壁を溶射するためには片側から溶射した後，さらにタービンハウジングを上下反転して逆方向から溶射しないと，均一な膜厚の皮膜が得られなかった。

このように，研究の成果を実際に製品に適用するまでにはいろいろな課題を抽出し，それをクリアしていかなければならない。

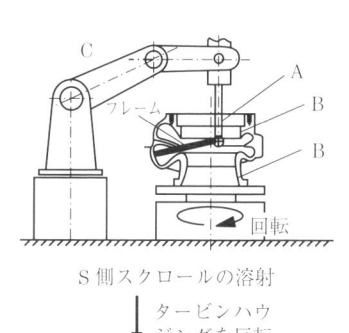

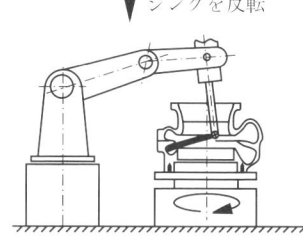

図1　タービンハウジングのスクロール内壁溶射手順

4. 溶射技術の応用

表4.5に示した各種試験材皮膜（①〜⑤）の断面ミクロ組織を図4.21に示す。HVOF溶射によるWC-12%Co皮膜は気孔などがほとんど認められず、緻密な組織である。その他の溶射皮膜は気孔が比較的多い。硬質クロムめっきには縦方向の割れが認められる。

図4.22は試験材（①〜⑤）のブラストエロージョン摩耗試験結果である。

① 自溶合金
(Ni-17%W-15%Cr-4%Si-3%B)
(HVOF)

② WC-12%Co
(HVOF)

③ Cr_3C_2-25%NiCr
(HVOF)

④ Cr_2O_3
(大気プラズマ溶射)

⑤ 硬質クロムめっき

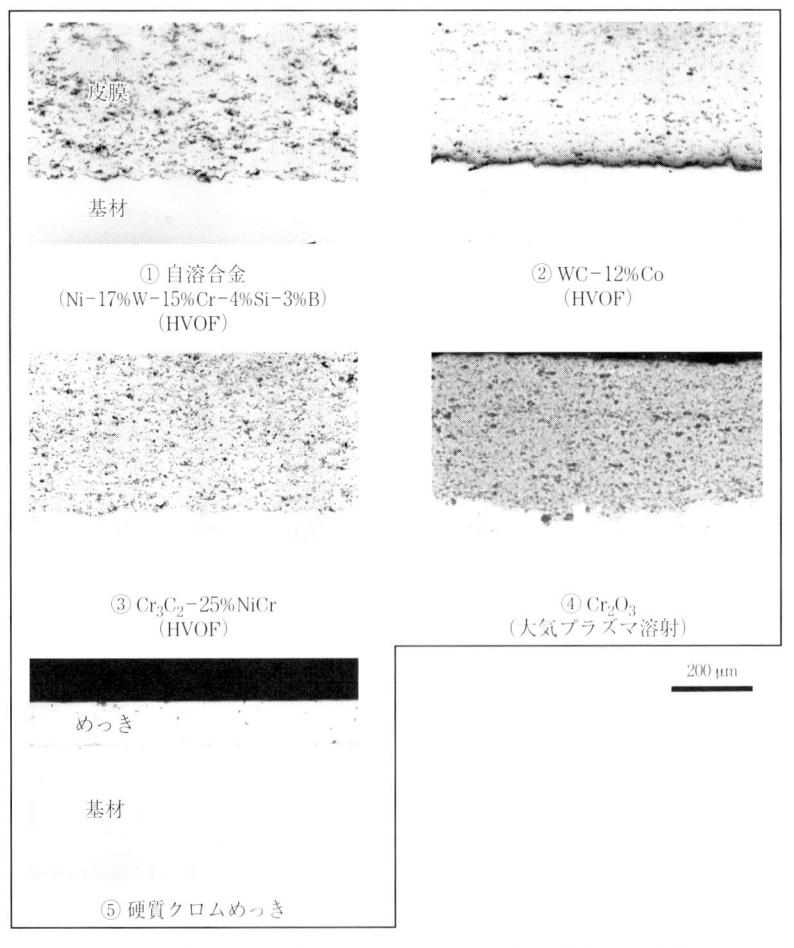

図4.21　各種溶射皮膜および硬質クロムめっきの断面ミクロ組織

4.6 プラスチックシート製造用ロール

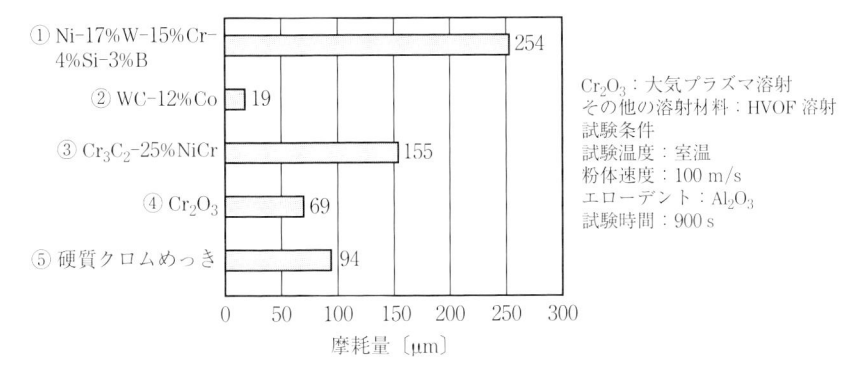

図 4.22 各種皮膜のブラストエロージョン試験結果

① Ni-17%W-15%Cr-4%Si-3%B: 254
② WC-12%Co: 19
③ Cr₃C₂-25%NiCr: 155
④ Cr₂O₃: 69
⑤ 硬質クロムめっき: 94

(横軸：摩耗量〔μm〕)

Cr_2O_3：大気プラズマ溶射
その他の溶射材料：HVOF 溶射
試験条件
試験温度：室温
粉体速度：100 m/s
エローデント：Al_2O_3
試験時間：900 s

WC-12%Co 皮膜が最も摩耗量が少なく,硬質クロムめっきの 1/5 程度である。つぎに Cr_3C_2-25%NiCr 皮膜の摩耗量が少なく,硬質クロムめっきよりも耐摩耗性が優れていることがわかる。一方,Cr_2O_3 皮膜は耐摩耗性が硬質クロムめっきより劣っている。

図 4.23 に試験材 (①〜⑤) の密着強度測定結果を示す。WC-12%Co 皮膜,Cr_3C_2-25%NiCr 皮膜は硬質クロムめっきの 1.6 倍程度である。Cr_2O_3 皮膜の密着強度は,硬質クロムめっきより低い値である。

① Ni-17%W-15%Cr-4%Si-3%B: 83
② WC-12%Co: 82
③ Cr₃C₂-25%NiCr: 85
④ Cr₂O₃: 23
⑤ 硬質クロムめっき: 48

(横軸：密着強度〔MPa〕)

破断位置：Cr_2O_3 以外は接着剤
HVOF：高速フレーム溶射
Cr_2O_3：大気プラズマ溶射
その他の溶射材料：HVOF 溶射

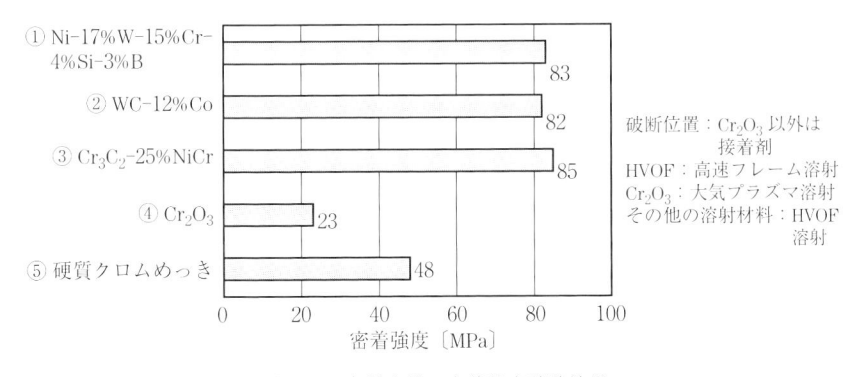

図 4.23 各種皮膜の密着強度試験結果

表 4.6 に試験材 (①〜⑤) の塩水噴霧試験結果を示す。また,100 時間塩水噴霧試験後の試験片外観を **図 4.24** に示す。硬質クロムめっきには孔食が生

4. 溶射技術の応用

表 4.6 塩水噴霧試験結果

溶射材料（溶射法）	膜厚〔μm〕	結　果
① Ni-17%W-15%Cr-4%Si-3%B（HVOF）	500	孔食（赤さび）
② WC-12%Co（HVOF）	500	酸化スケール発生
③ Cr_3C_2-25%NiCr（HVOF）	500	腐食なし
④ Cr_2O_3（APS）	300	腐食なし
⑤ 硬質クロムめっき	100	孔食発生（赤さび）

注）試験条件　塩水：5% NaCl，温度：35℃，時間：100時間

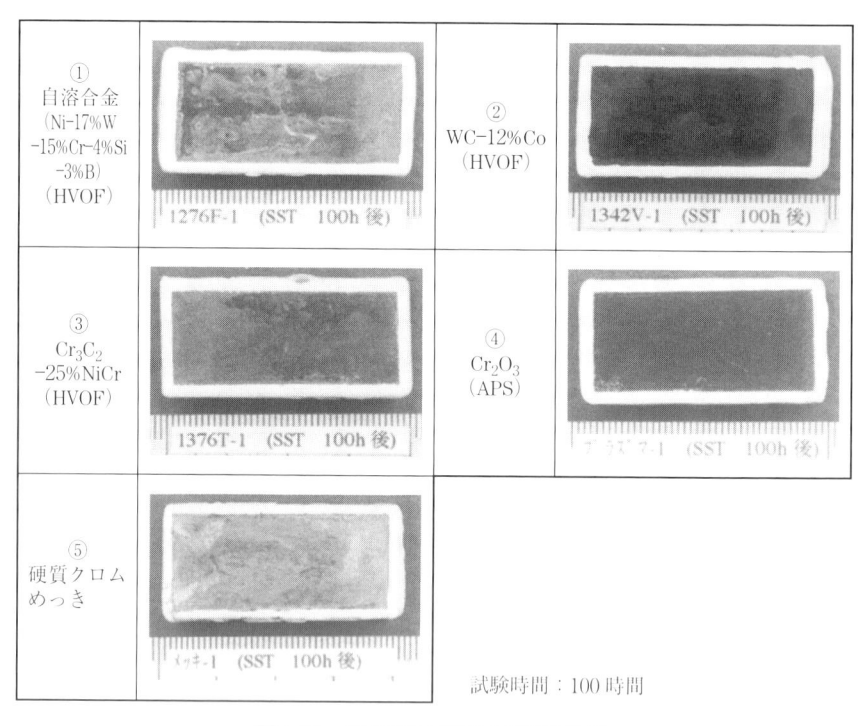

図 4.24　塩水噴霧試験後の試験片外観

じ，赤さびが発生している。WC-12%Co 皮膜は酸化スケールが若干発生している。Cr_2O_3 皮膜はまったく腐食の跡が見られず，耐食性が優れている。

図 **4.25** には，各種皮膜とプラスチックシート（a～d）（ポリプロピレン：PP）の間の離脱性の難易度を調べた結果を示す。WC-12%Co 皮膜と PP の間

4.6 プラスチックシート製造用ロール

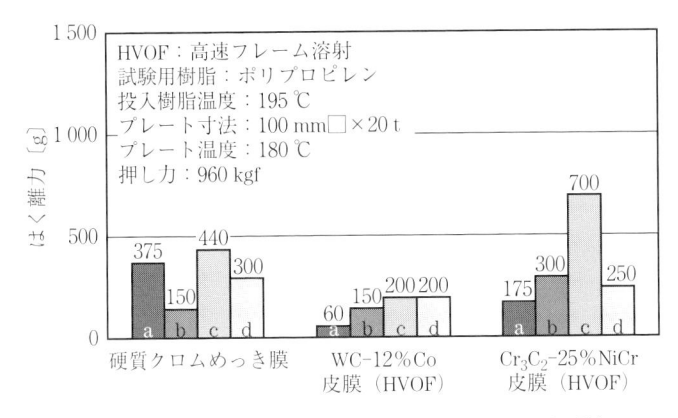

HVOF：高速フレーム溶射
試験用樹脂：ポリプロピレン
投入樹脂温度：195 ℃
プレート寸法：100 mm□×20 t
プレート温度：180 ℃
押し力：960 kgf

硬質クロムめっき膜: a=375, b=150, c=440, d=300
WC-12%Co 皮膜（HVOF）: a=60, b=150, c=200, d=200
Cr₃C₂-25%NiCr 皮膜（HVOF）: a=175, b=300, c=700, d=250

（はく離力 [g]）

図 4.25　各種皮膜とプラスチックシートとの間の離脱性

の離脱性は，硬質クロムめっきと PP の間の離脱性と同程度である．実機溶射ロールは溶射後冷間研磨することから，溶射皮膜のうち代表的な 2 種類（② WC-12%Co 皮膜，③ Cr$_3$C$_2$-25%NiCr 皮膜）について，溶射後の研削で皮膜に研削割れなどが生じないか調査した結果，図 4.26 に示すように，研削を行っても皮膜内には割れなどが発生しないことが確認できた．

溶射材料 （溶射法）	研削前	研削後
② WC-12%Co 皮膜 （HVOF）	皮膜 基材 400 μm	400 μm
③ Cr$_3$C$_2$ -25%NiCr 皮膜 （HVOF）	400 μm	400 μm

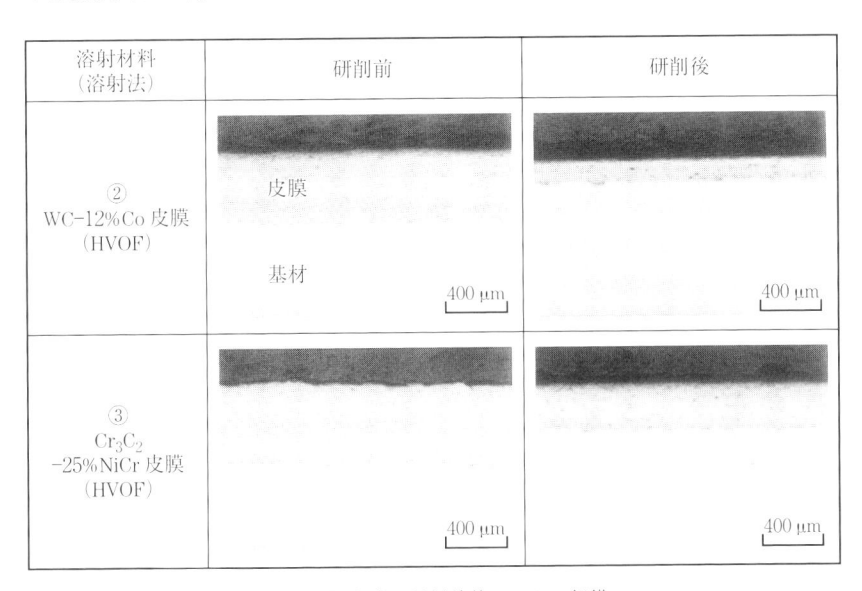

図 4.26　溶射皮膜の研削前後のミクロ組織

4. 溶射技術の応用

表 4.7 各種溶射皮膜

溶射材料 (溶射法)	硬さ (HV：300)	耐エロージョン性	密着強度	最大膜厚 〔mm〕
① Ni-17%W-15%Cr- 4%Si-3%B (HVOF)	△ (0.7)	× (0.37)	◎ (1.7)	0.5
② WC-12%Co (HVOF)	◎ (1.9)	◎ (4.9)	◎ (1.7)	0.5
③ Cr₃C₂-25%NiCr (HVOF)	○ (1.0)	△ (0.61)	◎ (1.8)	0.5
④ Cr₂O₃ (APS)	◎ (1.7)	○ (1.3)	× (0.48)	0.5
⑤ 硬質クロムめっき	○ (1.0)	○ (1.0)	○ (1.0)	0.1

注) 評価：良 ◎＞○＞△＞× 不可,（ ）の値：硬質クロムめっきの値を 1（基準）

以上各種溶射材料（①〜⑤）の試験結果を基に，摩耗寿命，ランニングコスト（溶射施工費，研削費）を含めて，硬質クロムめっきを基準にした評価結果を表 4.7 に示す。WC-12%Co 皮膜は，プラスチックシートとの離脱性を含めた皮膜性能が硬質クロムめっきと同等であり，特に摩耗寿命が非常に長いことから総合評価は「良」である。Cr₃C₂-25%NiCr 皮膜は，皮膜性能が硬質クロムめっきと同等であることから総合評価は「可」

図 4.27 ロールへの WC-12%Co の HVOF 溶射施工

図 4.28 研削後のロール溶射面

の評価結果

ランニングコスト (含：研磨)	摩耗寿命	耐食性	カレンダーシートの 離脱性		総合評価
△ (2.0)	○ (1.9)	△	—		×
△ (2.0)	◎ (25)	○	○		◎
△ (2.0)	○ (3.2)	◎	△		○
△ (2.0)	◎ (6.5)	◎	—		×
○ (1.0)	○ (1.0)	△	○		○

とした場合の相対比

である。したがって，HVOF 溶射による WC-12%Co 皮膜が，硬質クロムめっきの代替となり得るコーティング法であると判断される。

ロールへの HVOF 溶射は，ロール寸法が大きいことから，大形回転装置を用いてロールの両端をつかみ図 4.27 に示すように回転させて行う。溶射した後，ダイヤモンド砥石で冷間研削を行い，図 4.28 のように鏡面（面粗さ：Ra 0.1 μm）に仕上げる。

4.7 舶用ディーゼルエンジン

4.7.1 タービンハウジング

舶用ディーゼルエンジン補機（図 4.29）に搭載する過給機には，図 4.30 に示すツインフロー型タービンハウジングが搭載されている。このタービンハウジングはスクロール巻き終り部（舌部近傍）のガス通路外周壁部で，燃焼排気ガス中の 10～50 μm の硬質で微細な粒子が高速で衝突するため摩耗しやすい。このため，タービンハウジング本体には耐摩耗性の良好な球状黒鉛鋳鉄（FCD400）が用いられている。

タービンハウジング壁面の摩耗寿命のさらなる長寿命化のため，高温での耐

図 4.29　舶用ディーゼルエンジンの外観

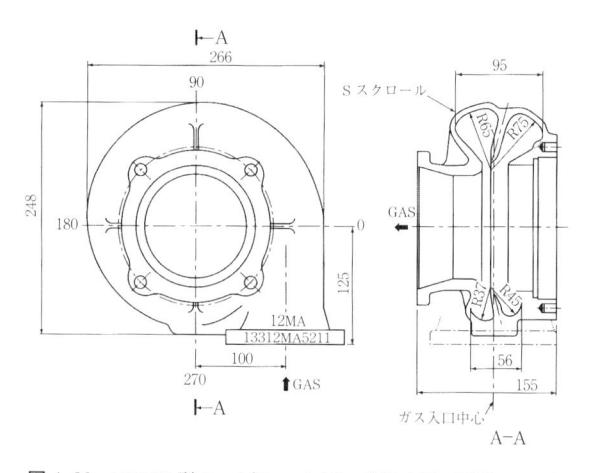

図 4.30　RH133 型タービンハウジング組立図（単位：mm）

摩耗性に優れた Cr_3C_2-25%NiCr を高速フレーム溶射する手法と，アルミナイズ処理部（Al の拡散浸透処理）する手法の 2 種類の適用を評価した。

溶射皮膜（膜厚：500 μm）とアルミナイズ処理部（拡散層：70 μm）の断面ミクロ組織を図 4.31 に示す。いずれも気孔などの欠陥の少ない組織である。

図 4.32 にブラストエロージョン摩耗試験結果を示す。Cr_3C_2-25%NiCr 溶射皮膜の耐ブラストエロージョン性が非常に優れていることがわかる。

加速条件下（粒子衝突速度：200 m/s）でタービンハウジングの摩耗寿命を推定すると，図 4.33 が得られる。なお，初期肉厚は 6 mm とする。

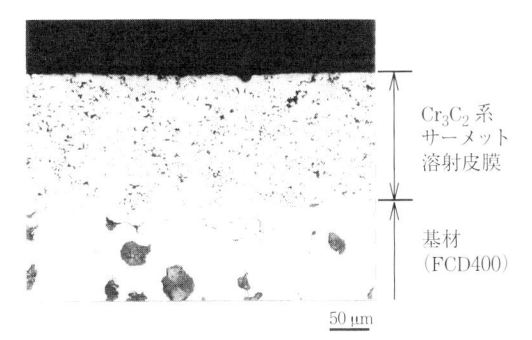

4.7　舶用ディーゼルエンジン　　119

（a）Cr_3C_2系サーメット溶射

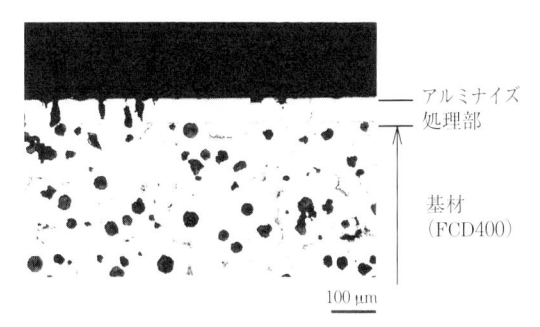

（b）アルミナイズ処理

図 4.31　HVOF 溶射皮膜とアルミナイズ処理部の断面ミクロ組織

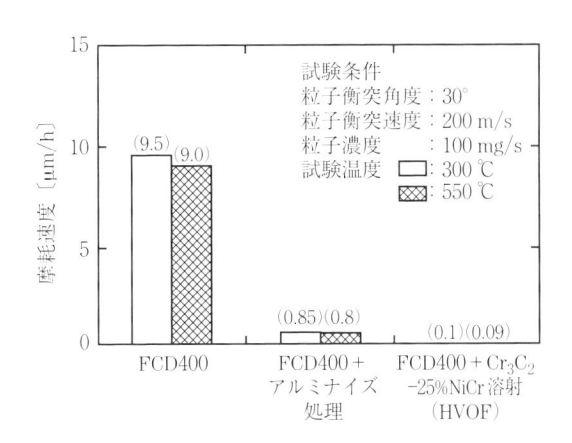

図 4.32　ブラストエロージョン試験結果

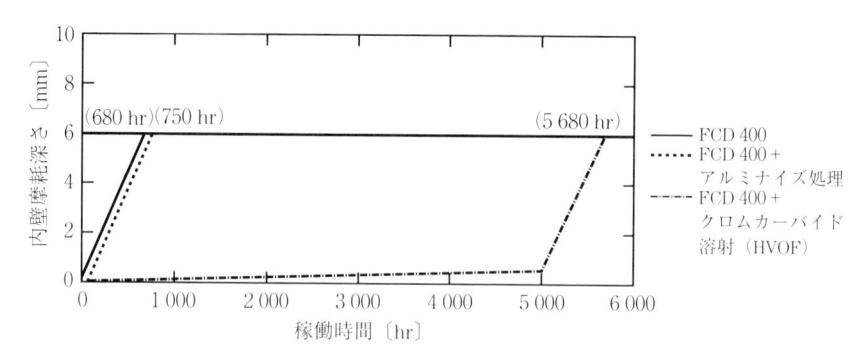

図 4.33　摩耗寿命推定結果（加速条件下）

　加速条件下での FCD400 基材の摩耗寿命は約 680 時間となる。アルミナイズ処理の場合は摩耗寿命が約 750 時間となり，基材の場合とそれほど変わらない。アルミナイズ処理の硬さは基材（平均硬さ 300 HV）の 3 倍程度あるが，硬化層が 70 μm と薄いため摩耗寿命には差異があまり出ない。

　一方，溶射したものは，膜厚も 500 μm と厚く，また平均硬さは 1 000 HV と非常に硬いため，摩耗寿命は約 5 680 時間となり，FCD 基材の 10 倍近い寿命が延伸化できることがわかる。以上のことから，Cr_3C_2-25%NiCr を高速フレーム溶射する手法が適切であると評価された。

　実機に溶射法を適用するに当たって，二つの課題がある。課題①：スクロール内壁は曲面形状で狭い。課題②：溶射の効率化と品質確保である。

　課題①に対しては，ツインフロースクロール内壁への溶射は，曲面形状の狭い内面へそのまま HVOF 溶射することは難しい。そのため，図 4.34 に示すように真っ直ぐな HVOF 溶射トーチの先端部に，トーチが直角に曲がるように内径ガンを取り付けて溶射を行った。

　課題②に対しては，図 4.35 に示すように多関節ロボットを設置し溶射の自動化を行った。

　この後，舶用ディーゼルエンジン補機の過給機に，実際に溶射したタービンハウジングを搭載した実証試験を行い，品質の安定を確認した。

4.7 舶用ディーゼルエンジン　121

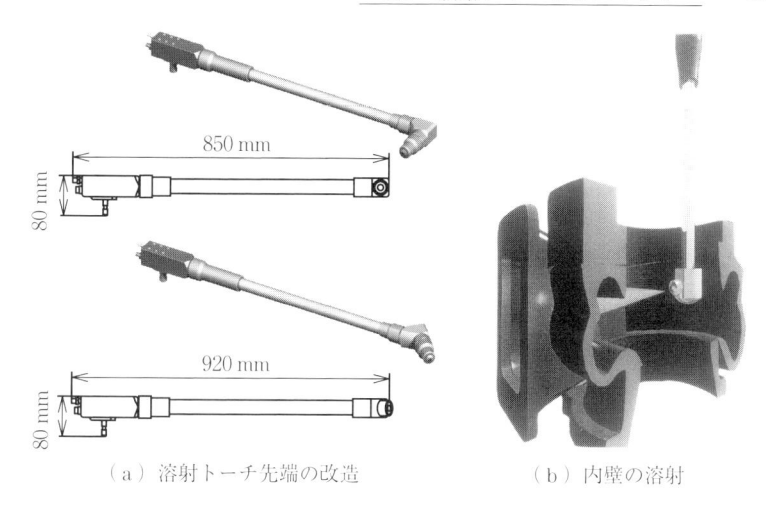

（a）溶射トーチ先端の改造　　　（b）内壁の溶射

図 4.34　スクロール部内壁の溶射法

図 4.35　多関節ロボットによる溶射の自動化

4.7.2　ピストンリング溝

　舶用ディーゼルエンジンのピストンリング溝は，耐摩耗性のため硬質クロムめっきが施工されている。六価クロム廃液処理の問題と耐摩耗性のさらなる向上のため，硬質クロムめっきの代替法としてHVOF溶射によるWC-17%Co溶射皮膜適用可能性の評価を行った。

図 4.36 に示すピストン模擬試験体のリング溝に,溶射角度 90°, 45°, 30° で,WC-17%Co を HVOF 溶射し,リング溝での皮膜積層状態,ミクロ組織,硬さ,ダミー材による密着強度を調査した。

図 4.37 はリング溝の皮膜状況を示す。溝底部の隅部は乱流堆積層となっているが,皮膜は全面に形成していることがわかる。

図 4.36 溶射後のピストン模擬体

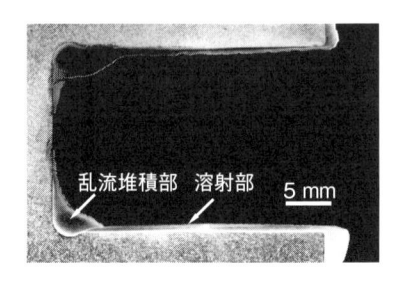

図 4.37 ピストン模擬体リング溝の溶射後の断面ミクロ組織

図 4.38 には a から d 部の断面ミクロ組織を示す。いずれの場所も割れ等の欠陥は認められない。溶射皮膜のビッカース硬さは,硬質クロムめっきの硬さが 850 HV 程度に対して,1 100 HV 程度である。表 4.8 は模擬試験体での密着強度測定結果を示す。溶射角度が 90°, 45°, 30°ともに 140 ～ 150 MPa を示し,十分な密着強度を有している。以上のことから,HVOF 溶射による WC-17%Co 溶射は硬質クロムめっきの代替候補となり得る。

表 4.8 模擬試験体での密着強度測定結果

模擬試験体	溶射角度〔°〕	90	45	30
密着強度〔MPa〕	148(平均値)	144	151	140

実際に溶射を適用する場合は,リング溝底部の隅部で乱流堆積層が生じるので,溶射前に図 4.39 に示すようなリング溝に改良することが望まれる。また,リング溝の表面は滑らかでなければならないので,溶射後に表面粗度が R_a = 0.4 μm 程度になるように鏡面仕上げにする必要がある。

4.7 舶用ディーゼルエンジン　123

乱流堆積層

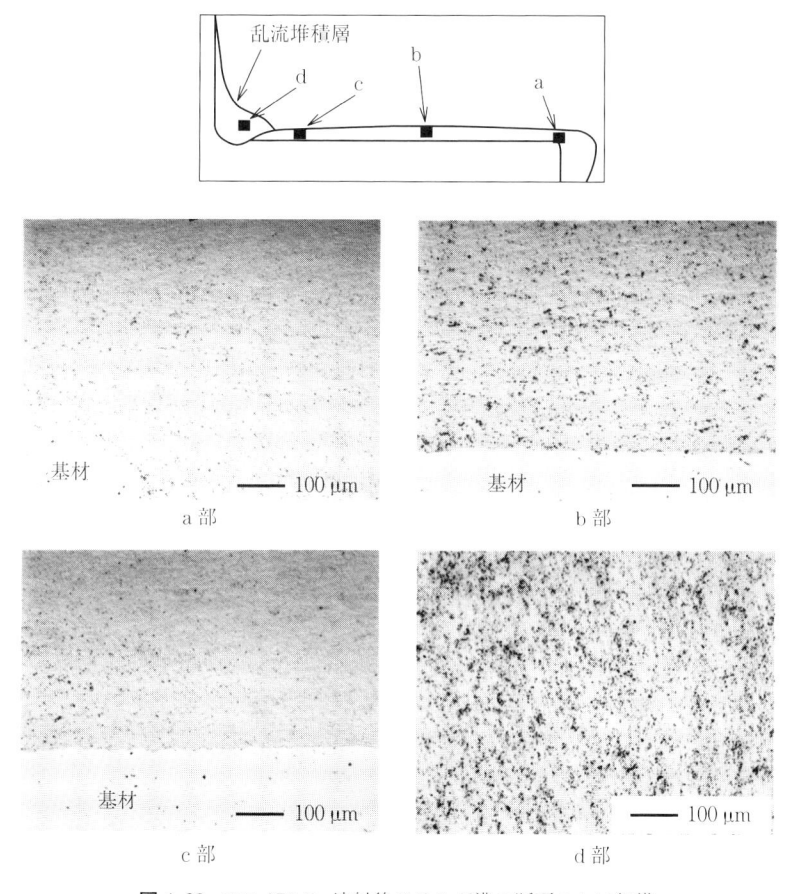

基材　　100 μm
a部

基材　　100 μm
b部

基材　　100 μm
c部

100 μm
d部

図4.38　WC-17%Co溶射後のリング溝の断面ミクロ組織

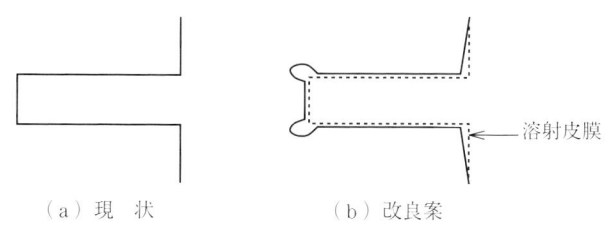

（a）現　状　　　（b）改良案　　溶射皮膜

図4.39　溶射前のリング溝形状の改良案

4.8 航空機のランディングギヤ

航空機のランディングギヤ（図4.40）は，耐摩耗性が必要なので硬質クロムめっきが適用されていた。HVOF溶射WC-Co皮膜は，硬質クロムめっきの代替として航空機のランディングギヤへも適用されている。

図4.40 ランディングギヤへのWC-Co溶射適用

4.9 圧縮機

圧縮機には，オープン型の大気圧縮機と，発火に配慮したクローズ型の酸素圧縮機がある。

4.9.1 大気圧縮機

図4.41（口絵参照）に示すギヤ内蔵型圧縮機（小形高圧）の軸シールラビリンス部には，従来アブレイダブル材としてホワイトメタル（Pb-Sn合金）の鋳込みが適用されている。圧縮機稼働中のファンへの作用力をさらに低減させるため，切削粉を微細な粒子状で飛散でき，被切削性の良好な溶射法の適用可能性を評価した。

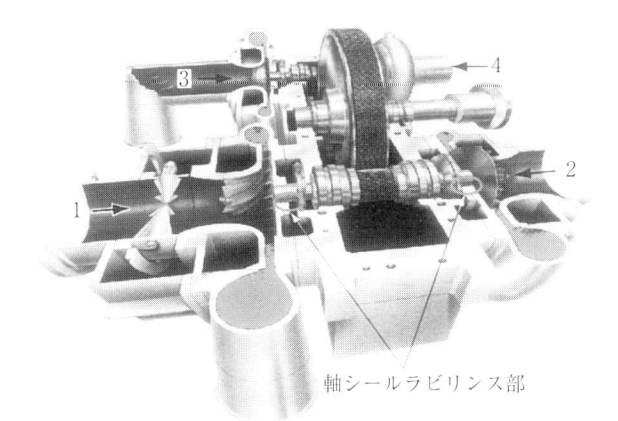

4.9 圧縮機　125

軸シールラビリンス部

（数字1, 2, 3, 4は空気の吸入口を示す）

図 4.41　ギヤ内蔵型圧縮機

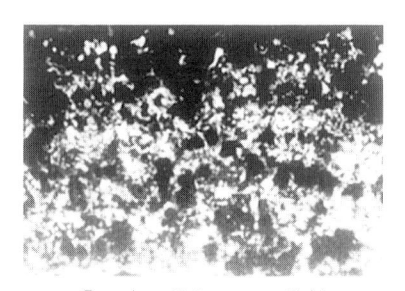

① Al/Si-ポリエステル溶射 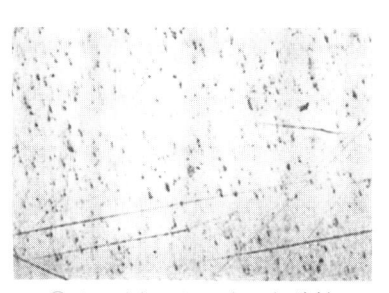　　② ホワイトメタル（WJ2）溶射

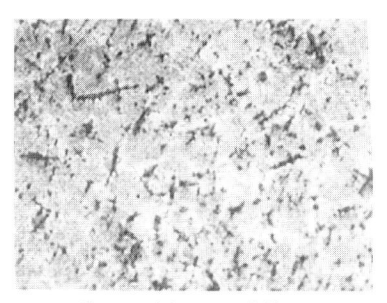

③ ホワイトメタル鋳込み

200 μm

図 4.42　アブレイダブル溶射皮膜と鋳込み材のミクロ組織

126　4. 溶射技術の応用

図4.42にアブレイダブル溶射皮膜（①，②）と鋳込み材（③）のミクロ組織を示す。大気プラズマ溶射した Al/Si-ポリエステル皮膜は，Al/Si のマトリックスにポリエステルが均一に分布する組織である。HVOF 溶射ホワイトメタル皮膜は緻密な組織である。ホワイトメタル鋳込み材は空孔などが認められるが，やはり緻密な組織である。

表4.9は，溶射皮膜と鋳込み材の密着強度測定結果を示したものである。Al/Si-ポリエステル皮膜の密着強度は 5.0 MPa であり，大気プラズマ溶射のアブレイダブル皮膜の実績（表3.2の塩水噴霧試験前）と比較すると同程度の値である。ホワイトメタル皮膜は HVOF 溶射を使用したため 11 MPa と高い。

表4.9　密着強度測定結果

材　質	試験回数	膜厚〔mm〕	破断荷重〔N〕	破断面積〔cm²〕	密着強さ〔MPa〕	破断位置	平均密着強さ〔MPa〕
① Al/Si-ポリエステル溶射	1	2.0	2 499	4.9	5.1	D	5.0
	2	2.0	2 401	4.9	4.9	D	
② ホワイトメタル (WJ2) 溶射	1	2.0	5 247	4.9	10.71	C	11.48
	2	2.0	6 002	4.9	12.25	C	
③ ホワイトメタル鋳込み	1	9.0	15 974	4.9	32.6	C	33.7
	2	9.0	17 003	4.9	34.7	C	

注）JIS Z 7721 に準じる

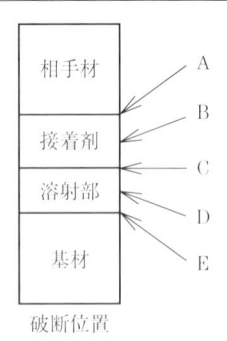

```
┌─────────┐
│  相手材  │ ← A
│         │ ← B
│  接着剤  │
│         │ ← C
│  溶射部  │
│         │ ← D
│  基材   │
│         │ ← E
└─────────┘
   破断位置
```

被切削試験装置の概要は図3.34 を，被切削試験結果は図3.36 ～ 3.38 を参照されたい。アブレイダブル溶射皮膜は鋳込み材より被切削性が優れており，特に大気プラズマ溶射した Al/Si-ポリエステル皮膜は非常に優れた被切削性を

有している．

軸シールラビリンス部は曲げ加工を受けることから，アブレイダブル溶射皮膜と鋳込み材の3点曲げ試験を行い，その結果を**表4.10**に示す．Al/Si-ポリエステル皮膜の割れ発生限界ひずみは平均0.47％，ホワイトメタル皮膜のそれは平均0.61％であり，一般的な耐摩耗溶射皮膜（割れ発生限界ひずみ：0.2％程度）より曲げ延性は良好である．

表4.10 3点曲げ試験結果

材　質	試験回数	試験片 割れ発生限界ひずみ〔％〕	
① Al/Si-ポリエステル 溶射	1	0.41	0.47
	2	0.53	
② ホワイトメタル (WJ2) 溶射	1	0.66	0.61
	2	0.57	
③ ホワイトメタル 鋳込み	1	>3.4	>3.4
	2	>3.4	

- 割れ発生限界ひずみ：皮膜表面に割れが発生した時点の曲げひずみ．
- ホワイトメタル鋳込みの場合は，測定器の能力3.4％でも割れが生じなかったので以上とした．

総合的に評価をすると，大気プラズマ溶射したAl/Si-ポリエステル皮膜は，密着強度は大気プラズマ溶射で得られるアブレイダブル溶射皮膜の一般的な値である5.0 MPaを有している．曲げ延性も特に問題ない．最重要特性である被切削性は，切削粉が細かい粒子になることから非常に優れている．したがって，大気プラズマ溶射したAl/Si-ポリエステル皮膜は，大気環境下では最も優れたアブレイダブル溶射皮膜になり得る．

図4.43に圧縮機軸シールラビリンス部にAl/Si-ポリエステル溶射を適用した例を示す．

図4.43 圧縮機軸シールラビリンス部への溶射適用例
（アブレイダブル溶射部（Al/Si-ポリエステル溶射部））

4.9.2 酸素圧縮機

　酸素圧縮機は，発火等を考慮するため，クローズ型の一軸多段型大形圧縮機が使用されている。しかし，効率を向上させるために，コンパクトで各段の流量係数を適切に選定できるオープン型のギヤ内蔵型圧縮機の利用が望まれるようになってきた。オープン型の酸素圧縮機は，軸シールラビリンス部でラビリンスリングとフィンが接触し，またシュラウド部でシュラウド表面とインペラが接触する可能性があり，接触箇所での発火を防止しなければならない。

　したがって，発火を防止するためには，**図4.44**に示すギヤ内蔵型圧縮機の，軸シールラビリンス部およびシュラウド部に難燃焼材をコーティングする必要がある。難燃焼性を有する材料としては，今までの実績から純銀が最適である。銀コーティング法としては，溶射，ろう付けおよびめっきなどが挙げられる。

　溶射，ろう付け，めっきの中で，比較的高価ではあるが製品形状の制約が少ないと考えられる溶射法について，密着強度および被削性等から適用可能性を評価した。

　図4.45に溶射角度90°および45°で，HVOF溶射およびプラズマ溶射した

4.9 圧縮機

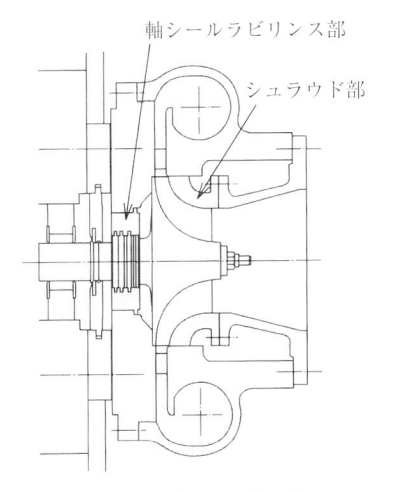

図 4.44 ギヤ内蔵型圧縮機の軸シールラビリンス部とシュラウド部

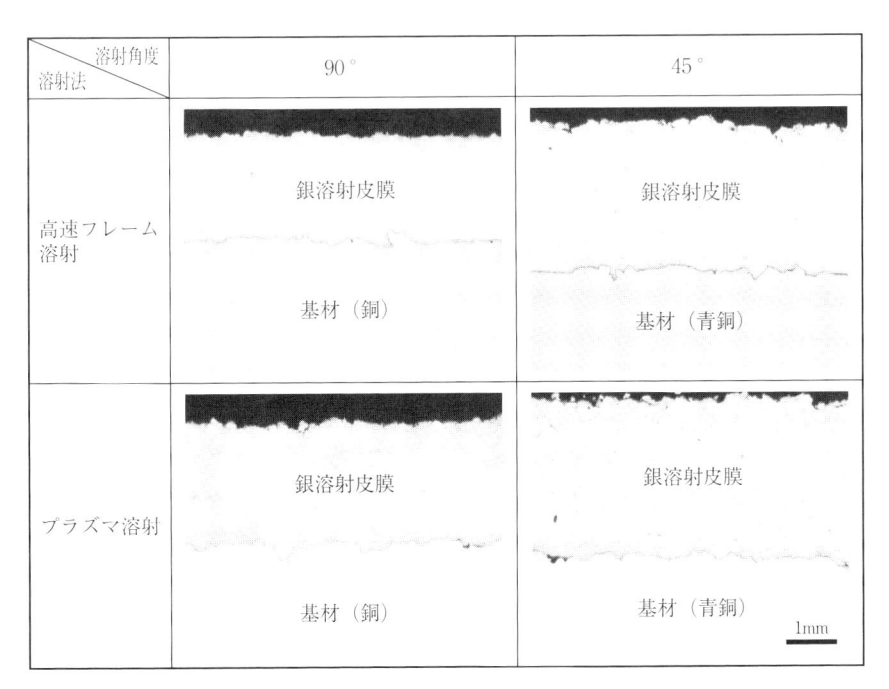

溶射法 \ 溶射角度	90°	45°
高速フレーム溶射	銀溶射皮膜 / 基材（銅）	銀溶射皮膜 / 基材（青銅）
プラズマ溶射	銀溶射皮膜 / 基材（銅）	銀溶射皮膜 / 基材（青銅）

図 4.45 銀溶射部のミクロ組織

銀溶射部のミクロ組織を示す。いずれの溶射法でも大きな欠陥等はなく，皮膜組織に及ぼす溶射角度の影響も特に認められない。また，高速ガスフレーム溶射およびプラズマ溶射した銀溶射皮膜の組織の代表例を**図 4.46** に示す。

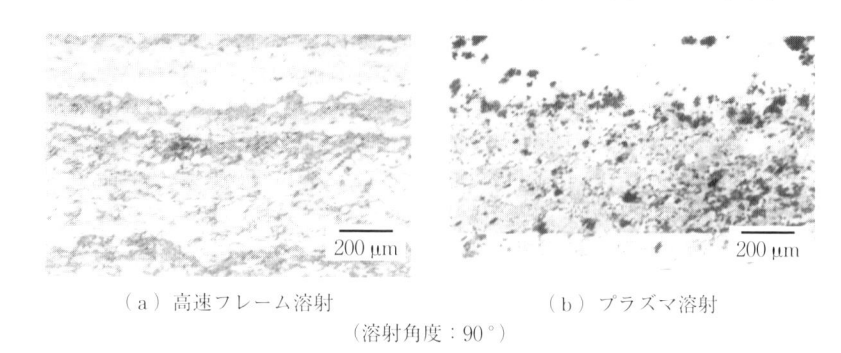

（a）高速フレーム溶射　　　　　　（b）プラズマ溶射
（溶射角度：90°）

図 4.46　銀溶射皮膜のミクロ組織の比較

図（a）の高速フレーム溶射皮膜の場合は，気孔等がほとんど認められない緻密な組織である。一方，図（b）のプラズマ溶射皮膜の組織は溶射特有の扁平粒子の積層組織であり，気孔等も数多く存在していることがわかる。

表 4.11 は，HVOF 溶射およびプラズマ溶射した銀溶射皮膜の密着強度測定結果を示す。

HVOF 溶射の場合，銅基材に垂直に溶射した銀皮膜と基材との間の密着強度は平均で 36 MPa，青銅基材に 45°の角度で溶射した銀皮膜の密着強度は 43 MPa 程度と比較的高い値である。この値は，大気圧縮機のラビリンス部に適用されている鋳込みの密着強度よりも高い値である（表 4.9 参照）。破断位置は，いずれも銀溶射皮膜と基材との界面である。

一方，プラズマ溶射の場合，銀皮膜と基材の間の密着強度は HVOF 溶射の 1/2 程度の値である。破断位置は，HVOF 溶射と同様，いずれの場合も銀溶射皮膜と基材との界面である。

図 4.47 は HVOF 溶射した，また**図 4.48** はプラズマ溶射した，銀溶射皮膜の被切削性試験結果を示したものである。

図 4.49 に，被切削試験の概要を示す。HVOF 溶射の場合，切削面にはフィ

表 4.11 銀溶射皮膜の密着強度測定結果

溶射法	基材	溶射角度 [°]/膜厚 [mm]	試験回数	破断荷重 [N]	断面積 [cm²]	破断強度 [MPa]	平均密着強度 [MPa]	破断位置
高速ガスフレーム溶射 (HVOF)	りん脱酸銅 (C1201P)	90/0.15	1	17 444	4.91	36	36	皮膜/基材の界面
			2	20 776	4.91	42		
			3	14 896	4.91	30		
	青銅鋳物 (BC3)	45/0.30	1	20 678	4.91	42	43	皮膜/基材の界面
			2	23 030	4.91	47		
			3	19 404	4.91	40		
プラズマ溶射	りん脱酸銅 (C1201P)	90/0.15	1	8 820	4.91	18	19	皮膜/基材の界面
			2	9 702	4.91	20		
			3	9 114	4.91	19		
	青銅鋳物 (BC3)	90/0.30	1	14 014	4.91	29	26	皮膜/基材の界面
			2	17 640	4.91	36		
			3	7 056	4.91	14		
	ねずみ鋳鉄 (FC200)	90/0.15	1	8 232	4.91	17	16	皮膜/基材の界面
			2	7 840	4.91	16		
			3	6 860	4.91	14		

注) JIS Z 7721 に準じる. 引張速度 2 mm/min.

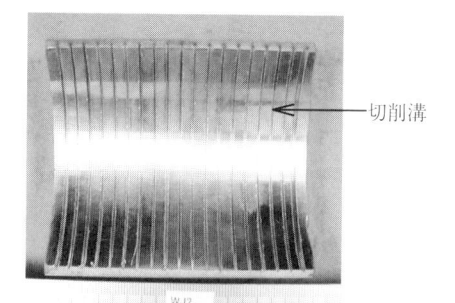

132　4. 溶射技術の応用

（a）試験後の試験片切削面

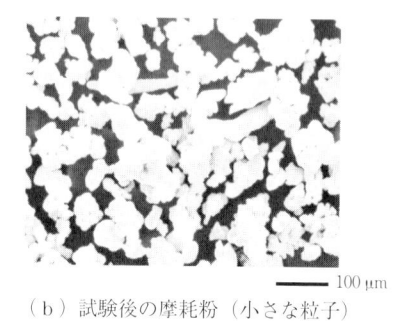

（a）試験後の試験片切削面

（b）試験後の摩耗粉（小さな粒子）

（b）試験後の摩耗粉（小さな粒子）

図 4.47　HVOF 溶射した銀溶皮膜の被切削性試験結果

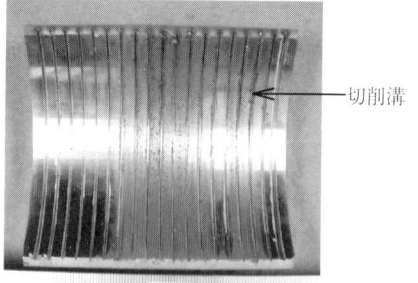

図 4.48　プラズマ溶射した銀溶皮膜の被切削性試験結果

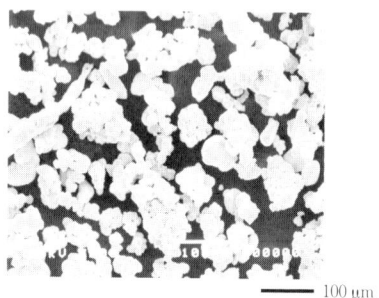

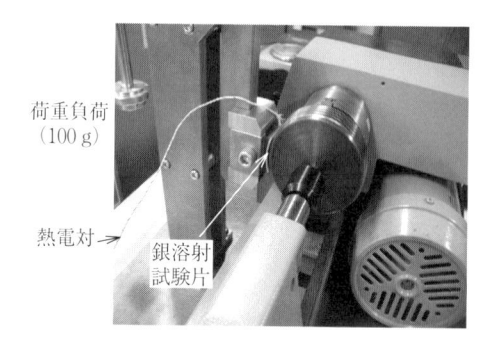

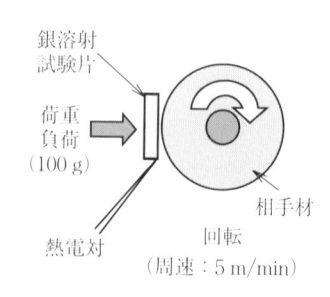

図 4.49　被切削性試験の概要

ンによる円周方向の幅 1 mm 程度の溝が生じており，容易に切削されやすいことがわかる（図 4.47（a））。摩耗粉は大部分が直径数十 μm 程度の粒子で，

ひも状にならないことから，焼付け，詰まりなどの不具合は生じない（図4.47（b））。また，切削面近傍の温度は切削中でも数十度程度で，切削による摩擦熱の発生は少ない。したがって，HVOF溶射銀皮膜の被削性は良好である。

プラズマ溶射の場合，HVOF溶射と同様，切削面にはフィンによる円周方向の幅1mm程度の溝が認められ（図4.48（a）），摩耗粉も直径数十μm程度の粒子である（図4.48（b））。また，切削中の温度上昇も数十度程度である。したがって，プラズマ溶射銀皮膜の被削性は，HVOF溶射と同様に比較的良好である。

以上のことから，HVOF溶射による銀溶射皮膜は緻密な組織で密着強度が高い特徴があり，プラズマ溶射による銀溶射皮膜よりも優れていると評価できる。

コンパクトなギヤ内蔵型酸素圧縮機の軸シールラビリンス部およびシュラウド部にHVOF溶射による銀溶射を適用し，2mm厚さに研磨仕上げした例を図4.50に示す。

ラビリンス部 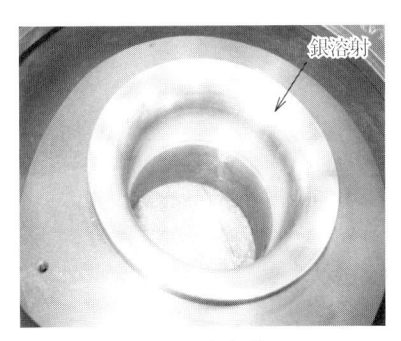　　　　　　　シュラウド部

図4.50 銀を高速フレーム溶射した酸素圧縮機のラビリンスリングおよびシュラウド部

大気圧縮機は定期的に内部の水洗浄を実施することから，塩水が溶射皮膜の腐食，基材との間の密着強度に及ぼす影響を評価するため塩水噴霧試験を行った結果を図3.42（67ページ）に示してある。

Al/Si-ポリエステル皮膜は，試験時間が300時間から腐食が始まり，基材と

の間の密着強度も低下していく。ホワイトメタル皮膜には腐食は認められないが，試験時間が600時間から基材との間の密着強度は低下して行くことがわかる。

なお，塩水を含まない水だけの噴霧試験では腐食は生じず，密着強度の低下も認められない。

4.10 鉄鋼構造物

橋梁などの鉄鋼構造物の防食法としては，昔から塗装が一般的に使用されてきた。最近，メンテナンスフリーの観点から，さらに耐久性が優れ長寿命化が可能な防食溶射法の適用が望まれている。また，防食溶射法は塗装よりもライフサイクルコスト（LCC）が低いという特徴がある。

防食溶射法には，一般的な Al, Zn を用いた JIS 溶射法（ブラスト処理を行った後，Zn-Al 合金溶射）がある。新しい手法として，通常の JIS 溶射法と違って前処理（粗面処理）を簡素化する手法がある。この手法は，粗面形成材を塗布した後，Zn/Al 擬合金を溶射する工法である。ブラスト処理をしなくて済むので，現地向きの溶射法である。以下では，MS（metal spray）工法と略す。

MS 工法は，粗面化処理を簡素化できるので効率がよく，JIS 溶射法よりも環境に優しい溶射施工である。溶射皮膜の性能（密着力，耐食性，組織等）を比較して，MS 工法と JIS 溶射法を評価した。

MS 工法は，**図 4.51**（a）のように，軟鋼基材に粗面処理として St-3 程度のケレン処理を行って，セラミックス粒子入りの粗面形成材（大日本塗料のブラスノン #21）を 30 μm 程度塗付し，亜鉛とアルミニウムの線材（1.3 mmφ）を 2 本同時に送給しアーク溶射により 100 μm 程度積層する。その後封孔処理をする。

JIS 溶射法は，図（b）のように，軟鋼の基材に下地処理としてブラストを行って清浄度 S_a 2.5 以上，表面粗さ R_a 8 μm 以上とした。溶射は，亜鉛：アルミニウム = 85：15（重量比）の合金線（4.6 mmφ）を用いて，厚さ 100 μm

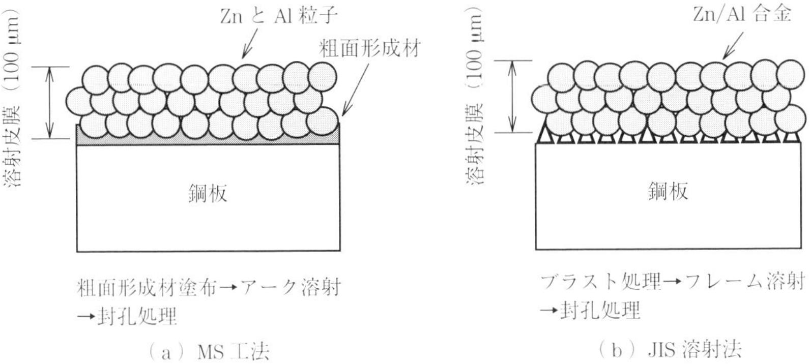
溶射皮膜（100 μm）
Zn と Al 粒子
粗面形成材
鋼板
粗面形成材塗布→アーク溶射
→封孔処理
（a）MS 工法
溶射皮膜（100 μm）
Zn/Al 合金
鋼板
ブラスト処理→フレーム溶射
→封孔処理
（b）JIS 溶射法

図 4.51　MS 工法および JIS 溶射法の概略図

程度溶線式フレーム溶射をする。その後封孔処理をする。

図 4.52 に溶射皮膜の断面ミクロ組織を示す。MS 工法は，下地にセラミックスの粒子が含まれたほぼ均一厚さの粗面形成材が認められる。溶射皮膜は，亜鉛とアルミニウム層が相互に現れた Zn/Al 擬合金の積層組織である。

一方，JIS 溶射皮膜は，亜鉛とアルミニウムが約 7：1 の比率で混在した積層組織を呈している。

表 4.12 に MS 工法と JIS 溶射法の皮膜のビッカース硬さ測定結果を示す。MS 工法および JIS 溶射法ともに溶射皮膜の平均硬さは HV39 程度である。**表 4.13** は密着強度の測定結果を示したものである。

MS 工法による皮膜の密着力は平均 2.3 MPa で，この値は，土木構造物常温溶射研究会の鋼橋の常温金属溶射設計・施工マニュアルで要求されている基準値（2.3 MPa 以上）を満足している。粗面形成材の適正塗付の管理が重要である。一方，JIS 溶射した皮膜の密着力は平均で 4.1 MPa となり，MS 工法のそれと比べても高い値を示し，特に問題はない。

MS 工法による溶射皮膜の無封孔材の摩擦係数は 0.55 ～ 0.7 であり，JIS 溶射法による溶射皮膜の摩擦係数は 0.68 となり，いずれも鋼道路橋防食便覧の規格値（＞ 0.4）を満足している。

MS 工法および JIS 溶射した皮膜について 500 時間まで塩水噴霧試験をした

4. 溶射技術の応用

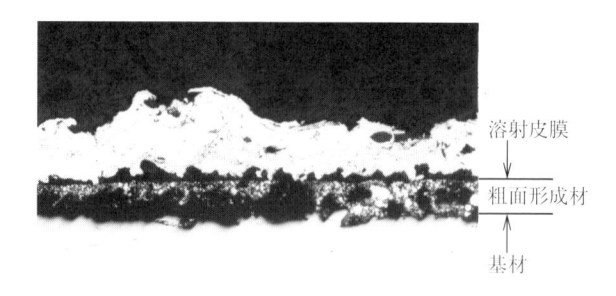

(a) MS工法

(b) JIS溶射法

図 4.52　溶射皮膜の断面ミクロ組織

表 4.12　溶射皮膜のビッカース硬さ測定結果

溶射法	実測値（荷重：100 gf）	平均値
MS工法	39.2, 39.9, 35.8, 40.5, 39.1	38.9
JIS溶射法	36.8, 40.1, 47.9, 33.1, 40.0	39.6

表 4.13　溶射皮膜の密着強度測定結果

溶射法	実測値〔MPa〕	平均値〔MPa〕
MS工法	2.0, 2.9, 2.2, 2.3, 2.2	2.3
JIS溶射法	5.7, 3.8, 3.3, 4.3, 3.3	4.1

試験片の外観を図3.40（64ページ）に示した。MS工法による皮膜表面は，試験時間が経過しても白錆，赤錆等の発生もなく，変化は認められない。一方，JIS溶射法の皮膜表面は200時間経過後から長手方向に筋状の凹部が生じ，皮膜表面が溶出し始める。試験時間が長くなるに従って凹部は少しずつ深くなっていく傾向を示し，合金内のZnの選択的な腐食が進行する。

図3.41（66ページ）に，MS工法およびJIS溶射した皮膜について塩水噴霧試験をした試験片の断面の皮膜組織を示す。試験時間が200時間の皮膜断面の顕微鏡組織は，MS工法およびJIS溶射した皮膜ともに溶射皮膜部の減肉はほとんど認められない。

試験時間が300時間の場合，MS工法では皮膜の下地の粗面形成材の腐食部分が増加拡大しているが，粗面形成材と溶射皮膜を含む全体の膜厚の変化はほとんど認められない。JIS溶射法の場合は，溶射皮膜は腐食により減肉していく。

試験時間が500時間になると，MS工法では皮膜の下地の粗面形成材の腐食部分の領域はさらに増大している。溶射皮膜自身の腐食減肉も進む。一方，JIS溶射法の場合は，溶射皮膜の減肉はさらに進む。

MS工法とJIS溶射法の性能を総合的に比較評価した結果を，表4.14に示す。MS工法による皮膜は密着力がJIS溶射に比べて劣るが，土木構造物常温溶射研究会の鋼橋の常温金属溶射設計・施工マニュアルで要求されている基準値（2.3MPa以上）を満足している。MS工法の溶射施工能力はJIS溶射法の1/2程度であるが，皮膜の長時間の耐食性はJIS溶射法と比べて優れている。

表4.14 MS工法とJIS溶射法による皮膜の性能比較評価結果

溶射法	外観	硬さ	密着力	摩擦係数	耐食性	施工能力	コスト	総合評価
MS工法	○	○ (1)	○ (0.6)	○ (1)	◎ (2.5)	△ (0.5)	○ (1.06)	○
JIS溶射法	○	○ (1)	○ (1)	○ (1)	◎	◎	○ (1)	○

注1）　◎：優，○：良，△：可
注2）　（　）の値は，JIS溶射法を1とした場合のMS工法の値。
注3）　評価は，JIS溶射法の値の1/2を△とした。

138   4. 溶射技術の応用

また，MS工法に必要な経費も JIS 溶射法と同程度であることから，総合的には，MS工法は実績のある JIS 溶射法と同様に，防食溶射法として鉄鋼構造物に適用可能である。

図 4.53 に橋梁の鋼床版へ MS工法を施工した例を示す。製作した鋼床版と主桁は工場でブロックに組み立て，現地に搬送後架設する。実際に MS工法を適用した橋梁を図 4.54 に示す。

図 4.53　鋼床版への MS工法施工例

図 4.54　溶射施工した橋梁

4.11　自動車摺動部品

自動車の低燃費化のため，車両の軽量化と摩擦損失の低減化が行われている。そのために，表 4.15 に示すような溶射などの表面改質技術が適用されている。

表4.15 自動車摺動部品への表面改質技術の適用例

区分	部品	材質	目的	改質方法	改質区分,他	改質層
エンジン	シリンダブロック（ボア）	鋳鉄	耐摩耗	レーザ	焼入れ	—
		アルミ合金	耐摩耗	繊維強化	—	MMC
	シリンダヘッド（バルブシート）	アルミ合金	高温摩耗,高温腐食	レーザ	グラッディング	Cu合金
	コンロッド	チタン合金	耐スカッフ	IP	—	CrN
	すべり軸受（オーバレイ）	アルミ合金	耐摩耗,耐疲労	スパッタ	—	Al-Sn
		銅-鉛合金	耐摩耗,耐疲労	メッキ	—	粒子分散めっき
		アルミ合金	耐摩耗,耐疲労	コーティング	—	PAI + MoS$_2$
	ピストン	アルミ合金	耐摩耗	EB	溶融合金化	Cu合金
	（トップリング溝）		耐摩耗	MIG	溶融合金化	Cu-Al, Si, Ni
		鋳鉄	耐摩耗	レーザ		焼入れ
	（ピストンスカート）	アルミ合金	低摩擦	コーティング	—	樹脂（PAI）
			低摩擦	WPC		MoS$_2$
	ピストンリング	鋼	耐摩耗	溶射	プラズマ溶射	Mo, 他
			耐摩耗	IP	—	CrN, TiN
	カムシャフト（カムノーズ部）	鋳鉄	耐摩耗	TIG	再溶融硬化	チル層
	バルブ（フェース部）	耐熱鋼	高温摩耗,高温腐食	PTA	溶融合金化	Co基合金, 他
			高温摩耗,高温腐食	レーザ	グラッディング	Co基合金, 他
		Ti合金	高温摩耗,高温腐食	酸化	—	Ti酸化層
	バルブガイド	ねずみ鋳鉄	耐摩耗	レーザ	焼入れ	—
	バルブリフタ	アルミ合金	耐摩耗	溶射	アーク溶射	Fe-C
	タペット	鋼	耐摩耗	EB	焼入れ	
	（シム）	鋼	低摩耗	IP		TiN
	燃料噴射ポンプ	鋼	耐摩耗	IP		CrN
	ターボコンプレッサハウジング	アルミ合金	隙間調整	溶射	プラズマ溶射	Al合金 + 樹脂

表 4.15 つづき

区分	部品	材質	目的	改質方法	改質区分, 他	改質層
駆動	シンクロナイザリング	銅系	摩擦力確保, 耐摩耗	溶射	プラズマ溶射	Mo, Al-Si-Mo
		銅	摩擦力確保, 耐摩耗	焼結	2層焼結	銅系合金
	シフトフォーク	銅	耐摩耗	溶射	プラズマ溶射	Mo
	LSD 摩擦板	銅	摩擦力確保	コーティング	—	樹脂（エポキシ）
他	エアコン（コンプレッサシュー）	銅	耐摩耗	IP	—	CrN
	パワステギヤハウジング	鋳鉄	耐摩耗	レーザ	—	焼入れ

注) IP：イオンプレーティング，EB：電子ビーム，PTA：プラズマ粉体肉盛

4.11.1 ターボコンプレッサハウジング

エンジン部のターボコンプレッサ（Al 合金）の吸気インペラ部（Al 合金）とハウジング（Al 合金）の隙間をゼロにして吸気空気の漏れを防止し，ターボ効率を向上させるために，ハウジング表面にアブレイダブル皮膜を適用している。Al 合金-ポリエステル樹脂の複合溶射材料をプラズマ溶射して使っている。

4.11.2 バルブリフタ

エンジン動弁系を形成する円筒形のバルブリフタ（Al 合金）は，接触しているシリンダヘッド（Al 合金）と凝着摩耗する場合があるため，バルブリフタ外表面に炭素鋼をアーク溶射して，シリンダヘッドとの凝着摩耗を防止するようにしている。

4.11.3 ピストンリング

エンジン部のピストンリング（鋼）は，ピストンと接触するため摩耗する。そのため，耐摩耗のためモリブデン（Mo）などがプラズマ溶射されている。

4.11.4　シンクロナイザリング

スポーツ車などの使われ方の激しい車種では，駆動部の図 4.55 に示すシンクロナイザリング（特殊高力黄銅）は，耐摩耗のため摩擦面に Al–15%Si–50%Mo がプラズマ溶射されている。

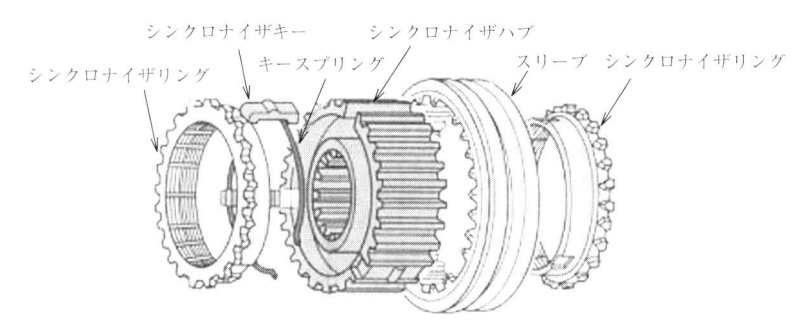

シンクロナイザキー　　シンクロナイザハブ
シンクロナイザリング　キースプリング　　スリーブ　シンクロナイザリング

図 4.55　シンクロナイザ機構

4.11.5　シフトフォーク

駆動部のシフトフォーク（銅）は，耐摩耗のために，表面にモリブデン（Mo）をプラズマ溶射して使われている。

4.12　環境を考慮した溶射法

4.12.1　粗面化処理を省略する溶射法

ブラスト処理（粗面化処理）の代わりに，セラミックス粒子入りの粗面形成材を塗布した後，Zn/Al 擬合金を溶射する新しい防食溶射法である。一般的な防食溶射法である JIS 溶射法と同等以上の耐食性能を有することがわかった。この溶射法は粗面化処理をしなくて済むので，粉塵が出なくて環境に優しい溶射法といえる。詳細は 4.10 節を参照されたい。

4.12.2 ボイラ溶射のライフサイクルアセスメント (LCA)

地球環境問題の中で，地球温暖化の原因になる二酸化炭素削減が大きな課題となっている。その対策の一つとして火力発電の熱効率向上による二酸化炭素削減の実用化がある。例えば加圧流動層ボイラは，図 4.56 に示すように複合発電システムであり，二酸化炭素排出量も約 10 % 減少できる。

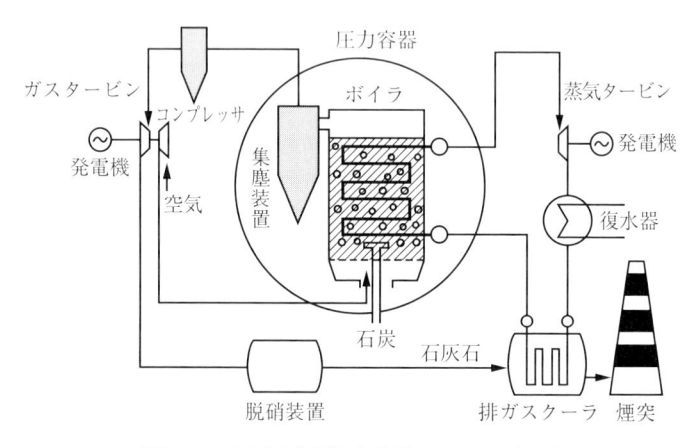

図 4.56 加圧流動層複合発電システムの概要

この発電システムの中で寿命を左右する重要な部材の一つが層内管（流動層内に設置される伝熱管）である。層内管は流動層内でベッド材に含まれる SiO_2, Al_2O_3 などの硬くて細かい粒子群の衝突によるエロージョン摩耗が激しいため，管外面には耐熱性と耐摩耗性の優れたセラミックス系材料を溶射し，管材には信頼性が高い耐熱合金鋼を使用することが望ましい。溶射施工過程で，大きなエネルギーを消費し，作業環境的にも粉塵などが発生することから，環境負荷の評価が求められる場合もある。

環境負荷評価法としては，製品の原料製造，加工，使用，廃棄に至るライフサイクルで発生する環境負荷を定量的に評価するライフサイクルアセスメント (LCA) がある。したがって，加圧流動層ボイラ層内管の溶射において，溶射材料の製造，施工から使用に至るまでの環境負荷（エネルギー消費量と人体に有害なヒューム発生量）について LCA 評価を行った。

4.12 環境を考慮した溶射法

溶射施工のライフサイクルは図 4.57 のように表せる。LCA の適用範囲として原材料製造，溶射施工および製品使用までの各工程に対するエネルギー消費量，ヒューム発生量およびコストを評価した。

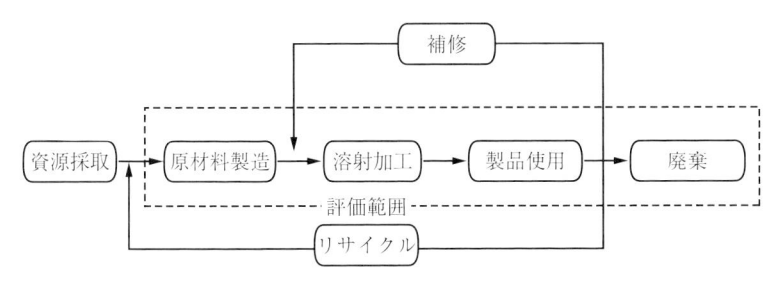

図 4.57 ボイラ用セラミックス溶射のライフサイクル

溶射材料としては，図 4.58 に示す金属系，サーメット系，セラミックス系の 8 種類の材料をプラズマ溶射，高速フレーム溶射，フレーム溶射した。自溶合金は溶射後フュージング処理（1 050 ℃ × 30 min）を施した。

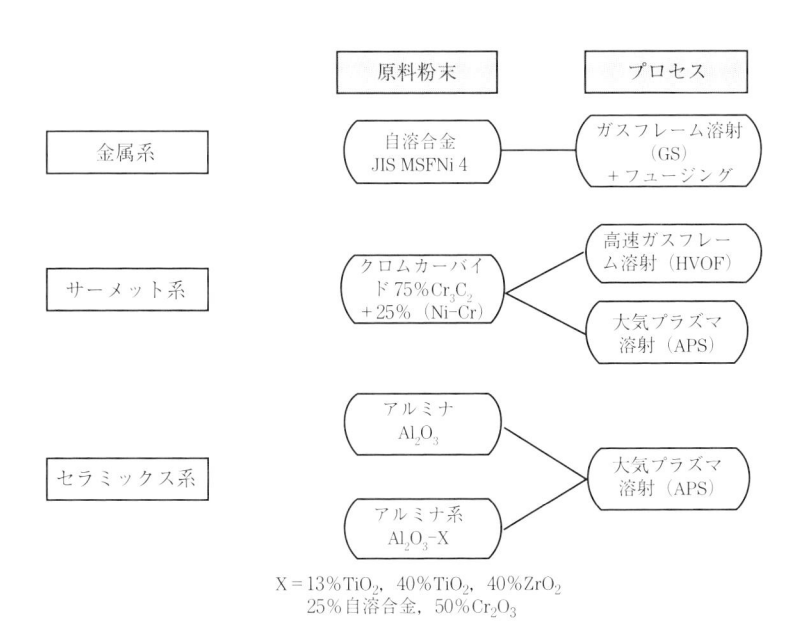

金属系	自溶合金 JIS MSFNi 4	ガスフレーム溶射（GS）+フュージング
サーメット系	クロムカーバイド 75%Cr_3C_2 +25%（Ni-Cr）	高速ガスフレーム溶射（HVOF） / 大気プラズマ溶射（APS）
セラミックス系	アルミナ Al_2O_3 / アルミナ系 Al_2O_3-X	大気プラズマ溶射（APS）

X = 13%TiO_2，40%TiO_2，40%ZrO_2
25%自溶合金，50%Cr_2O_3

図 4.58 溶射材料と溶射プロセス

144　4. 溶射技術の応用

　高温摩耗試験は，図 4.59 に示すような流動層を模擬した流動層内回転式摩耗試験装置を用いて，大気中での高温摩耗特性を調べた。流動層中に試験片を埋没し，試験片に回転を与えることにより摩耗損傷を生じさせるものである。

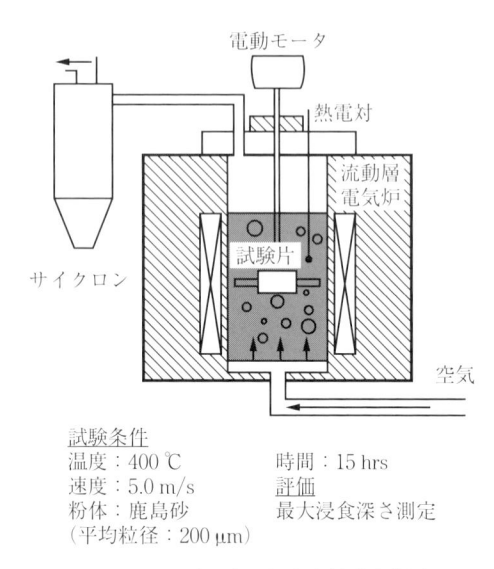

試験条件
温度：400 ℃
速度：5.0 m/s
粉体：鹿島砂
（平均粒径：200 μm）
時間：15 hrs
評価
最大浸食深さ測定

図 4.59　流動層内回転式摩耗試験装置

　図 4.60 に，単位膜厚当りの全消費エネルギー量の比較結果を示す。ガス溶射の自溶合金はエネルギー消費量が少なく，高速フレーム溶射のクロムカーバ

自溶合金（ガス溶射＋溶融処理）
クロムカーバイド（高速ガス溶射）
〃（大気プラズマ溶射）
$Al_2O_3 + 50\% Cr_2O_3$（〃）
$Al_2O_3 + 25\%$自溶合金（〃）
$Al_2O_3 + 40\% ZrO_2$（〃）
$Al_2O_3 + 40\% TiO_2$（〃）
$Al_2O_3 + 13\% TiO_2$（〃）
Al_2O_3（〃）

凡例：装置使用／消費ガス製造／原料粉末製造／前処理／廃棄

全消費エネルギー量 〔kW·h/mm〕

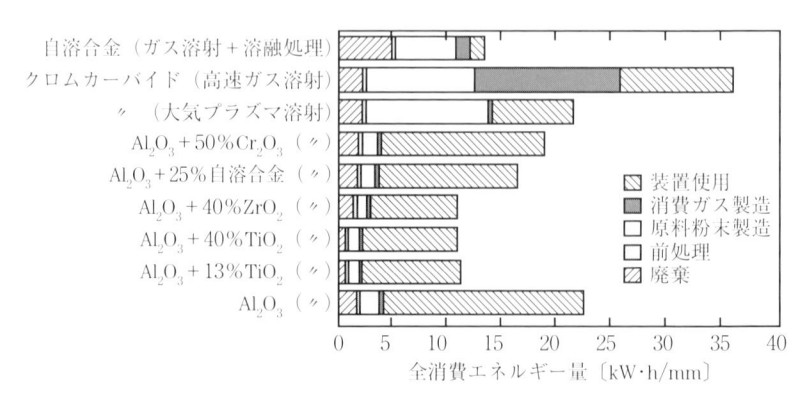

図 4.60　単位膜厚当りの全消費エネルギー量の比較

イドはエネルギー消費量が最も多かった。

図 4.61 に各種溶射施工時の単位膜厚当りのヒューム発生量を示す。自溶合金はヒューム発生量が多く，大気プラズマ溶射のアルミナ皮膜は少なかった。

自溶合金（ガス溶射＋溶融処理）
クロムカーバイド（高速ガス溶射）
〃　　　　（大気プラズマ溶射）
$Al_2O_3 + 50\%Cr_2O_3$（〃）
$Al_2O_3 + 25\%$自溶合金（〃）
$Al_2O_3 + 40\%ZrO_2$（〃）
$Al_2O_3 + 40\%TiO_2$（〃）
$Al_2O_3 + 13\%TiO_2$（〃）
Al_2O_3（〃）

□ 溶射加工
▨ 廃棄

ヒューム発生量〔g/mm〕

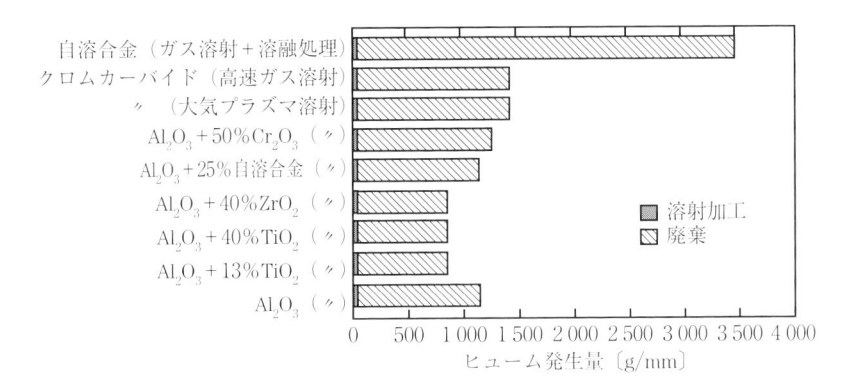

図 4.61　各種溶射施工時の単位膜厚当りのヒューム発生量

図 4.62 に高温摩耗試験結果を示す。自溶合金溶射材料の摩耗が最も多く，耐摩耗性が最も優れているのはアルミナ＋ 40%ZrO_2 であった。

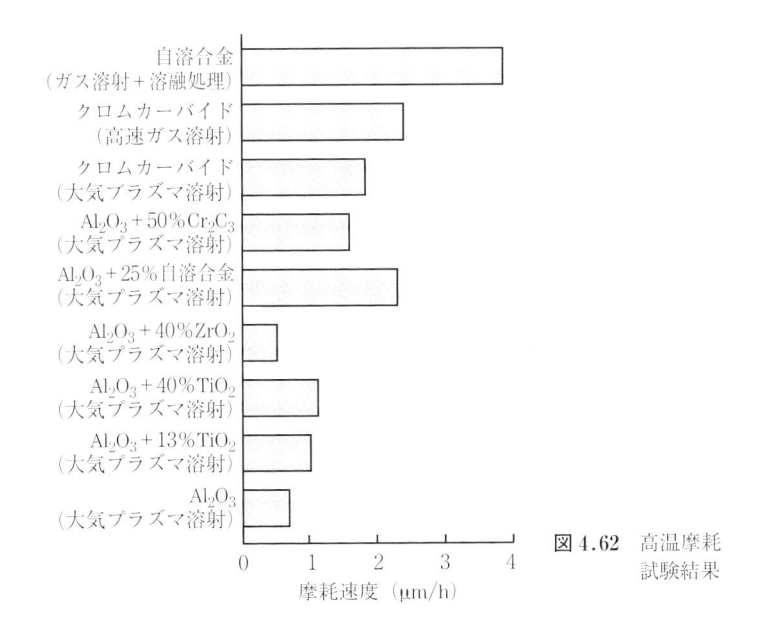

自溶合金（ガス溶射＋溶融処理）
クロムカーバイド（高速ガス溶射）
クロムカーバイド（大気プラズマ溶射）
$Al_2O_3 + 50\%Cr_2C_3$（大気プラズマ溶射）
$Al_2O_3 + 25\%$自溶合金（大気プラズマ溶射）
$Al_2O_3 + 40\%ZrO_2$（大気プラズマ溶射）
$Al_2O_3 + 40\%TiO_2$（大気プラズマ溶射）
$Al_2O_3 + 13\%TiO_2$（大気プラズマ溶射）
Al_2O_3（大気プラズマ溶射）

摩耗速度〔μm/h〕

図 4.62　高温摩耗試験結果

図 4.63 は，各セラミックス溶射皮膜の摩耗寿命による必要肉厚を求め，必要肉厚当りの特性比較を行ったものである．自溶合金の摩耗速度を基準とし，その必要肉厚を 1 mm としたときの各種皮膜の相対的肉厚を換算し，環境負荷などの諸特性を比較した結果である．

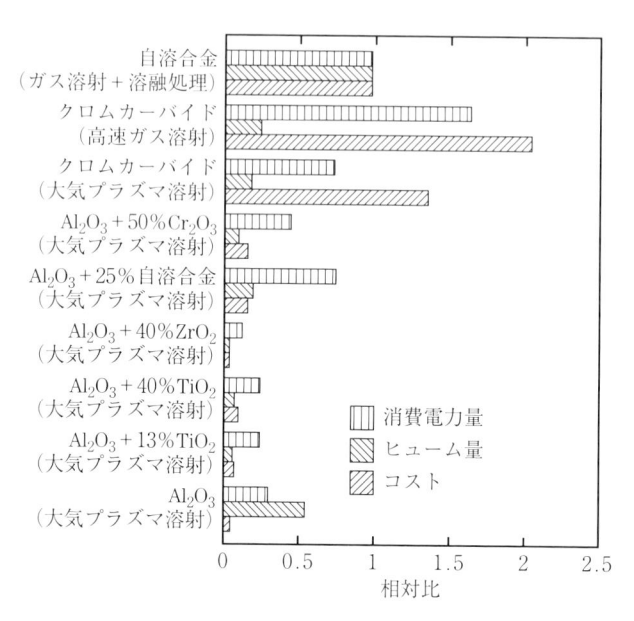

図 4.63 耐摩耗性を考慮した必要肉厚当りの特性比較

図 4.63 から，プラズマ溶射によるアルミナ + 40％ ジルコニア溶射に代表されるアルミナ系セラミックス溶射が比較的環境負荷が低く，耐摩耗性が良好で安価なコーティングであることがわかった．実際には，環境負荷の低い自溶合金溶射が層内管外表面に適用されている．

4.13 固体酸化物形燃料電池（SOFC）

図 4.64（口絵参照）に示す固体酸化物形燃料電池（SOFC）は，環境に優しく，高い変換効率を有する電池であり，火力発電やコージェネレーション用と

4.13 固体酸化物形燃料電池(SOFC)

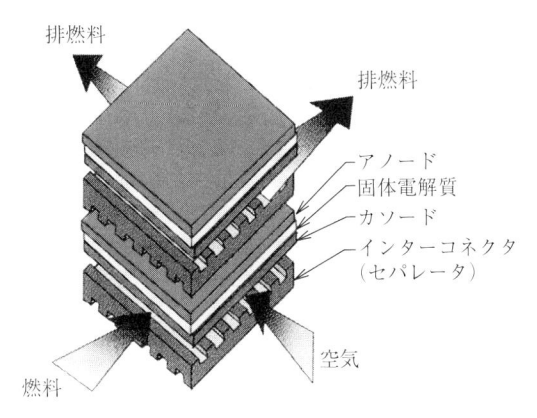

図 4.64 固体酸化物形燃料電池スタック構造

して大いに期待される。その電極は，薄くてポーラス（多孔質）なイットリア部分安定化ジルコニア（$ZrO_2 + 8\%YO_2$）とニッケル（Ni）の混合組織で，電解質は緻密で薄いイットリア部分安定化ジルコニアが考えられ，それぞれ焼結体などを組み合わせた構造となっている。

電極と電解質のセル構造が直接形成できれば，現状の3層成形に比べて構造が単純で，製造工程を省略化できる。

図 4.65 に示すような微細粉末とエタノールを混合した液相材料を用いたプラズマ溶射システム（suspension plasma spraying：SPS）によって，薄い電極

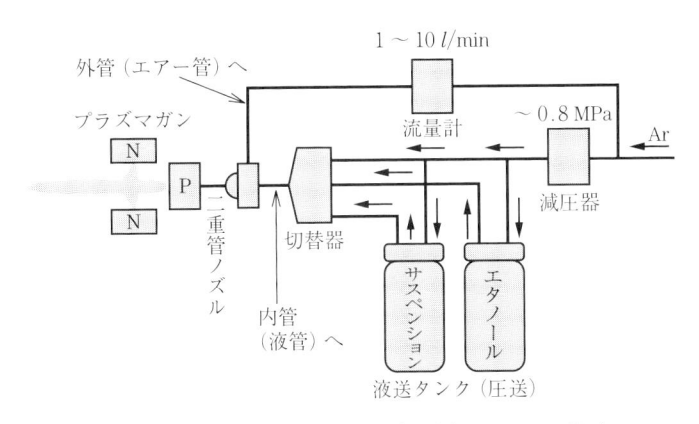

図 4.65 液相材料を用いたプラズマ溶射システムの概略

148　4. 溶射技術の応用

と電解質のセル構造を直接積層する手法の開発を筆者らは行っている。

図 4.66 は，微細組織に及ぼすサスペンション濃度の影響を示したものである。プラズマジェットに投入されるサスペンションのジェット内での微細化の

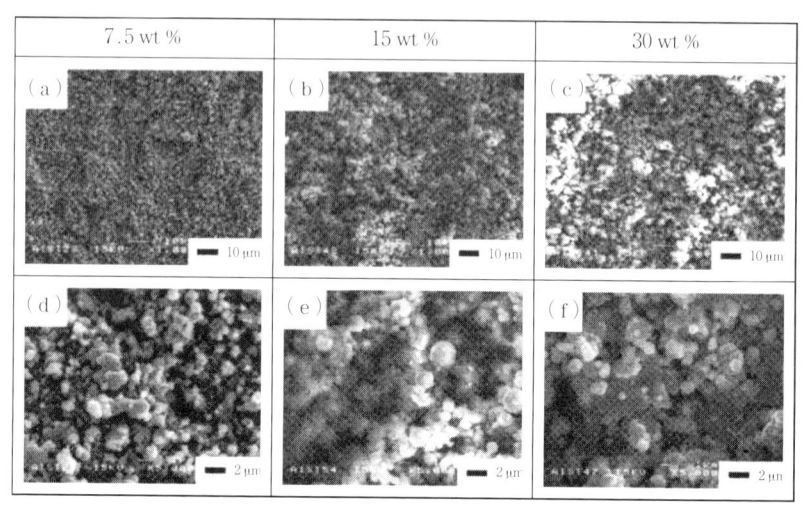

図 4.66　皮膜の組織形態に及ぼすサスペンション濃度の影響

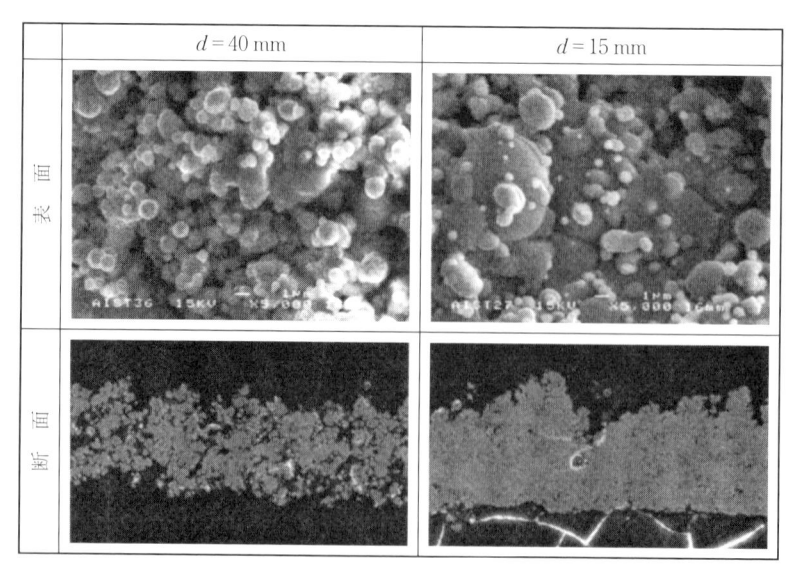

図 4.67　皮膜の組織形態に及ぼす溶射距離の影響

4.13 固体酸化物形燃料電池(SOFC)

状態が変わらないと仮定すると，サスペンション濃度（エタノールに含まれる部分安定化ジルコニア微細粉）が多いほど，基材に堆積するスプラット（溶射粉末が基材上に扁平状に堆積したもの）は大きくなることがわかる。このことから，サスペンション濃度によってスプラットを制御できる可能性がある。

図4.67は，溶射距離が皮膜の組織形態に及ぼす影響を示したものである。溶射距離が小さい場合は緻密な皮膜が得られる傾向にある。また，一方，溶射距離が大きい場合は，ポーラスな皮膜が得られることが確認できた。このことから，溶射距離を制御することによってポーラスな皮膜形成が可能であることがわかる。

■コーヒーブレイク

ガスタービン動・静翼のTBC溶射皮膜の点検

発電機などのガスタービン動・静翼に溶射してあるTBC皮膜状態を調べる場合，定期点検などでは，内部を分解してガスタービンを外に出して全体を検査する。しかし，そうでないときにガスタービン動・静翼のTBC溶射皮膜の状況を検査する必要が生じた場合は，マイクロスコープのチューブを発電機内部に挿入してガスタービン動・静翼TBC溶射皮膜の状態（割れ，はく離の有無）を順次調べることになる。

図2はマイクロスコープを発電機内へ挿入し，ガスタービン静翼のTBC溶射皮膜を撮影した一例であり，溶射皮膜状況が明瞭に調べられる。

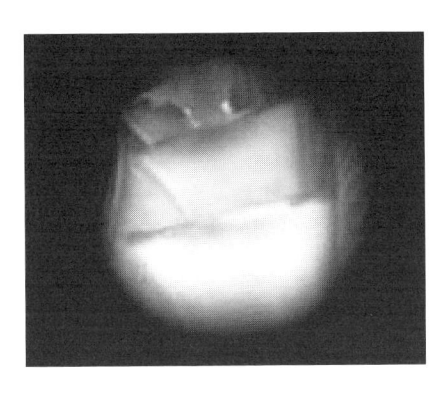

図2 マイクロスコープによるガスタービンのTBC溶射皮膜の検査

4.14 スプレーフォーミング

蒸気タービンに使用されているTi合金のような難加工材の薄板製造には，図4.68に示すように，多くの工程が必要である。工程省略のため，溶射技術

減圧プラズマ溶射（LPPS）

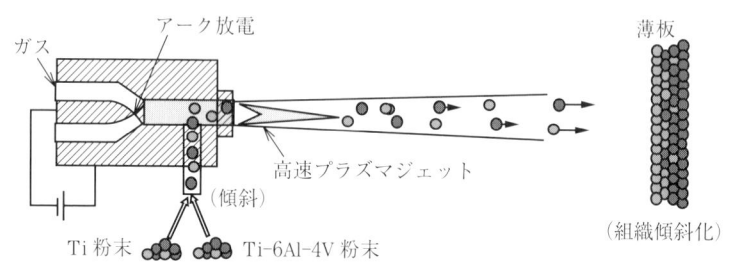

ガス／アーク放電／高速プラズマジェット／（傾斜）／Ti粉末／Ti-6Al-4V粉末／薄板／（組織傾斜化）

溶射技術による工程省略

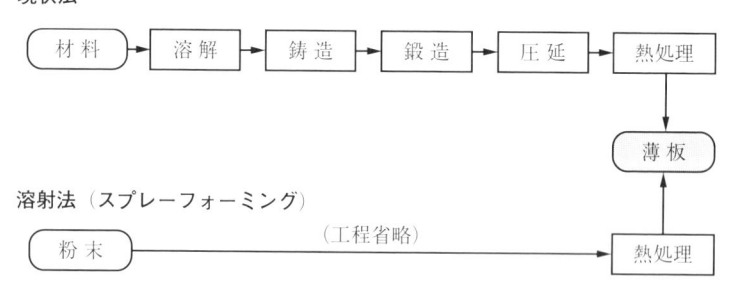

現状法：材料 → 溶解 → 鋳造 → 鍛造 → 圧延 → 熱処理 → 薄板

溶射法（スプレーフォーミング）：粉末 →（工程省略）→ 熱処理 → 薄板

傾斜組織による高機能化

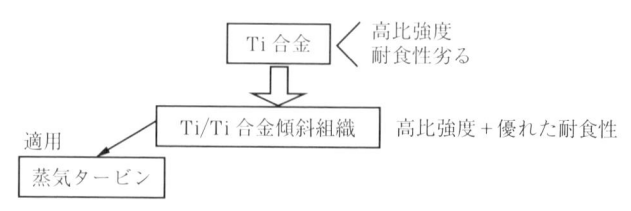

Ti合金（高比強度，耐食性劣る）⇒ Ti/Ti合金傾斜組織（高比強度＋優れた耐食性）／適用：蒸気タービン

図4.68 溶射法による薄板形成技術

4.14 スプレーフォーミング　*151*

を用いたスプレーフォーミング法によって，Ti 合金の直接薄板形成技術の開発を試みた。

その結果，**図 4.69** に示すように，減圧プラズマ溶射法（LPPS）を用いることにより，5 mm 程度の薄板（緻密な組織を有する）を直接作製することができた。引張強度も 500 MPa 以上が得られることがわかった。また，組織の傾

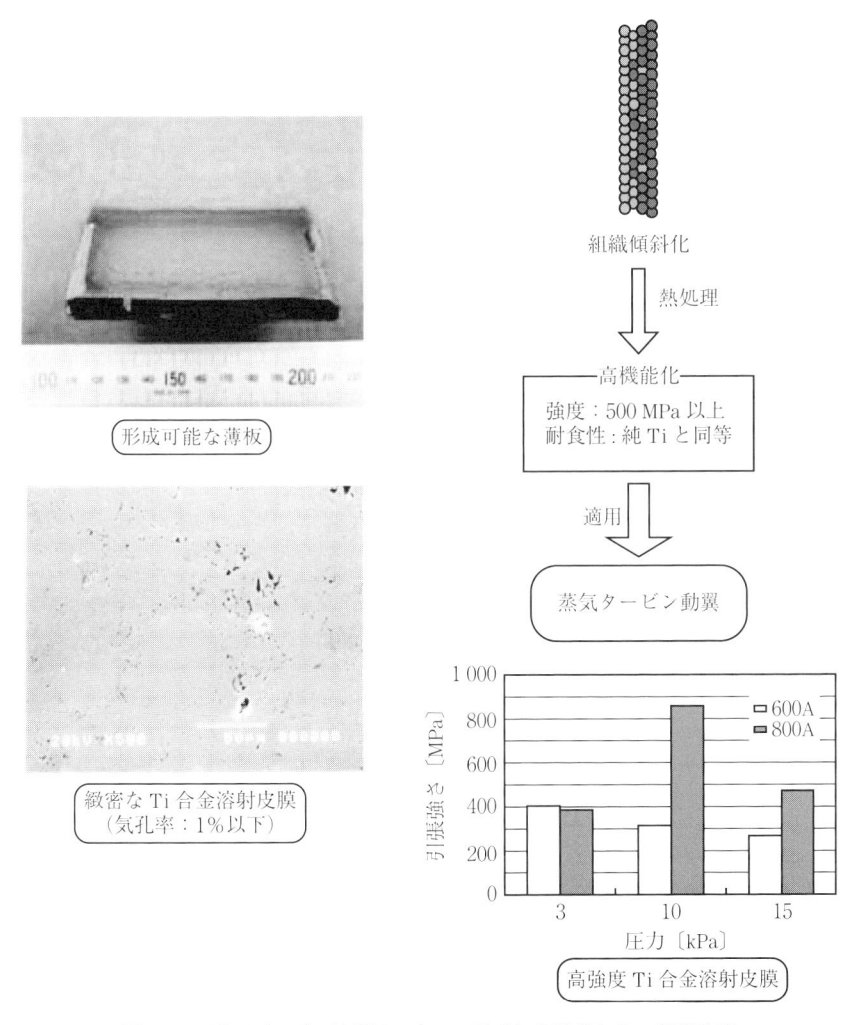

形成可能な薄板

緻密な Ti 合金溶射皮膜
（気孔率：1%以下）

組織傾斜化
↓ 熱処理
高機能化
強度：500 MPa 以上
耐食性：純 Ti と同等
↓ 適用
蒸気タービン動翼

高強度 Ti 合金溶射皮膜

図 4.69　減圧プラズマ溶射法によって形成した薄板とその引張強度

斜化（TiとTi-6Al-4V）による耐食性（表面）と強度（本体）を付与する高機能化も可能である。

4.15 コールドスプレーの適用検討例

コールドスプレーの火力発電のボイラ部材（伝熱管等）への適用可能性を検討するため，現状の溶射法（大気プラズマ溶射，高速フレーム溶射）と耐摩耗性を比較評価した。

溶射材料は，ボイラで耐摩耗のために適用されている WC-17%Co 粉末を使用した。基材は，ボイラ部材の SUS304 である。

図 4.70 に WC-17%Co 皮膜の断面ミクロ組織を示す。図（c）のコールドスプレーによる WC-17%Co 皮膜は，キャリヤガスとして He ガスを使用すれ

(a) 大気プラズマ

(b) 高速フレーム溶射

(キャリヤガス：He ガス)
(c) コールドスプレー

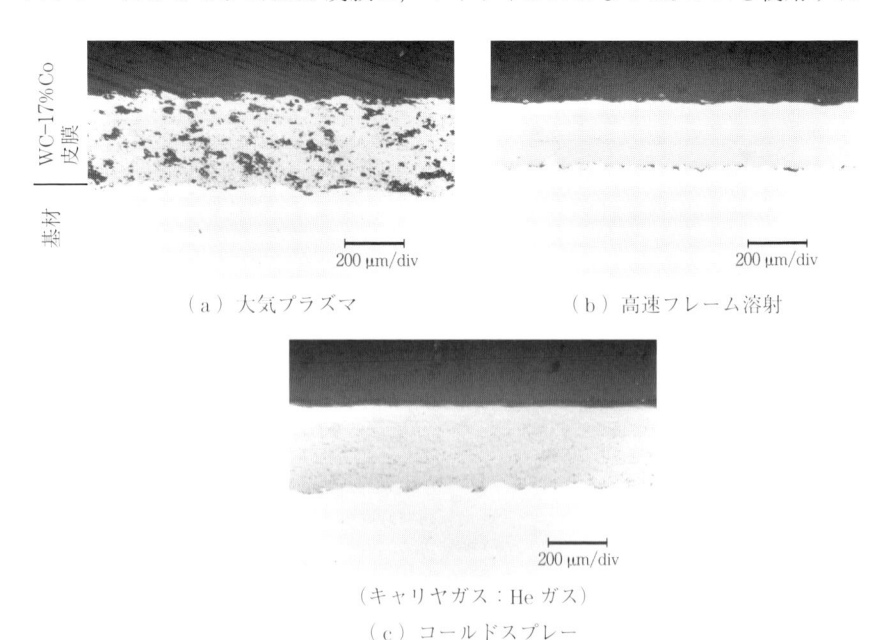

図 4.70　WC-17%Co 溶射皮膜の断面ミクロ組織

ば緻密な組織となる．本件では施工条件等の検討が不十分であるため，厚膜形成ができなかった．

図（b）の高速フレーム溶射によるWC-17%Co皮膜も比較的緻密な組織であるが，図（a）のプラズマ溶射皮膜は気孔の多い積層組織である．

また，コールドスプレー皮膜のビッカース硬さ（荷重50 g）は726 HV，高速フレーム溶射は524 HV程度で，大気プラズマ溶射皮膜は487 HV程度である．

図4.71に，WC-17%Co皮膜のブラストエロージョン摩耗試験結果を示す．高速フレーム溶射皮膜の摩耗速度が最も小さく，そのつぎに少ないのはコールドスプレーである．大気プラズマ溶射皮膜の摩耗速度は，他方法と比べてかなり大きくなる傾向を示す．皮膜が硬くなるほど耐摩耗性もよくなっており，摩耗特性と硬さの間には相関性が認められる．

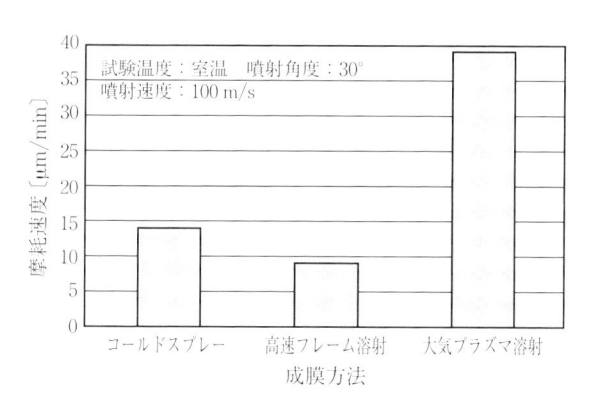

図4.71 WC-17%Co溶射皮膜のブラストエロージョン摩耗試験結果

以上のことから，コールドスプレーによる皮膜をボイラ部材へ適用するための課題は，耐摩耗性をさらに向上させることである．そのためには，耐摩耗性のための粒子径の最適化が重要である．また，摩耗形態が粒子の離脱によって生じることから，粒子間の結合力の強化も必要である．

国内外でのコールドスプレーの適用検討事例は少ないが，例えば，ガスタービン翼の補修，溶接部への腐食防止亜鉛皮膜，高温耐食用MCrAlY皮膜，ボイ

ラチューブ部材(WC-Co)，パワーモジュール放熱基板の銅皮膜，航空宇宙分野での金属ニアネットシェイプ部材形成，スパッタの純金属ターゲットなどがある。また，自動車産業でも肉盛り補修に使用されている。

4.16 プラスチック溶射の適用例

プラスチック溶射は，粉末を安定に溶融するための制御が難しいが，大形構造物に被覆でき，現地での施工も可能である。プラスチック溶射の防食のための適用例はまだ少ないが，以下にいくつかの事例を示す。

① 海中ケーブル用の銅合金製の中継器の表面に，数 mm 厚さでエポキシが溶射されている。
② 水門のバルブへ膜厚 1 mm 以上の LTP が溶射され，2 年間経て水垢の付着は認められるが，溶射皮膜は健全である。
③ 水力発電用ライナに膜厚 1 mm 以上の LTP が溶射され，2 年間経ても腐食が生じていない。
④ 地中埋設パイプラインの管継手や大径鋼管の内・外面，桟橋鋼桁の補修，原子力発電所の取水口のライニングの補修などへの適用も検討されている。

索　引

【あ】

亜　鉛　　　　　　　　　　21
赤さび　　　　　　　　　　65
アーク法　　　　　　　　　25
アーク放電　　　　　　　　13
アーク溶射　　　12, 107, 134
圧縮応力　　　　　　　　　91
圧縮機　　　　　　　　97, 124
アトマイズ法　　　　　　　20
アフタバーナ　　　　　　　99
アブレイダビリティ　　59, 97
アブレイダブル皮膜　59, 140
アーム部　　　　　　　　 102
粗　さ　　　　　　　　　　31
アルカリ洗浄　　　　　　　24
アルミナ　　　　　　　　　24
アルミナイズ処理　　 80, 118
アルミナ粒子　　　　　　　73
アルミニウム　　　　　　　21
アロイング（合金化）　　　 4
アンカー効果　　　　　　　33

【い】

イオン注入　　　　　　　　 1
イオンプレーティング　　　 3
鋳込み　　　　　　　　　 124
インゴット粉砕法　　　　　20

【う】

ウェアリングノーズ　　　 107
ウェハー　　　　　　　　 102
ウォータジェット　　　　　30

【え】

エロージョン　　　 103, 142
エンジン動弁系　　　　　 140

【お】

塩水噴霧試験　　 39, 63, 133
応力集中　　　　　　　　　43
オリマルジョン　　　　　 105
温　度　　　　　　　　　　33

【か】

加圧焼結処理　　　　　　　26
加圧流動層ボイラ　　　　 142
加圧流動層ボイラ層内管　106
海中ケーブル　　　　　　 154
界面強度パラメータ　　　　43
化学蒸着法　　　　　　　　 3
過給機　　　　　　　　　 120
拡散処理　　　　　　　　　26
拡散層　　　　　　　　　　29
ガス炎加熱　　　　　　　　29
ガス式溶射　　　　　　　　 6
ガスタービン　　 53, 92, 153
　　──の動・静翼　　　　92
化成処理　　　　　　　　　 2
画像処理　　　　　　　　　47
カップ試験　　　　　　　　35
過熱器管　　　　　　 103, 106
カーバイド粒子　　　　　　88
火力発電ボイラ　　　　　 103
火炉壁　　　　　　　　　 107
環境負荷　　　　　　　　 142
乾式めっき　　　　　　　　 3

【き】

機械加工　　　　　　　　　26
機械損失　　　　　　　　 100
気　孔　　　　　　　　　　33
気孔率　　　　　　　　　　47
犠牲防食　　　　　　　　　62
ギヤ内蔵式ターボ圧縮機　124
キャリヤガス　　　　　　 152
吸気インペラ　　　　　　 140
球状黒鉛鋳鉄　　　　　　 117
凝着摩耗　　　　　　　　 140
鏡面仕上げ　　　　　　　 122
橋　梁　　　　　　　 134, 138
銀コーティング法　　　　 128
銀溶射皮膜　　　　　　　 133

【く】

空　孔　　　　　　　　　　33
駆動部　　　　　　　　　 141
クラッディング（肉盛）　　 4
グリッド材　　　　　　　　25
グリッド試験　　　　　　　35
クロムカーバイド　　　　 103
クロメート処理　　　　　　 2

【け】

経済性　　　　　　　　　 101
傾斜化　　　　　　　　　 151
ケイ素　　　　　　　　　 105
ケーシング　　　　　　　　97
ケレン処理　　　　　　　 134
減圧プラズマ溶射　　 15, 151
研　削　　　　　　　　　　26
減　肉　　　　　　　　　　30
研　磨　　　　　　　　　　26

【こ】

高機能化　　　　　　　　 152
航空機ジェットエンジン　 59
硬質クロムめっき
　　　　 40, 80, 107, 109, 110, 124
高周波誘導加熱　　　　　　29
鋼床版　　　　　　　　　 138

索引

高速フレーム溶射　10, 143
高分子ポリエチレン　70
コスト　143
固体酸化物形燃料電池　146
コールドスプレー　17, 152
コンプライアンス　83
コンプレッサ　59

【さ】
サスペンション　148
作動ガス　15
サーメット　11
酸化　15, 30
酸化アルミニウム　25
酸化膜　51
酸素圧縮機　124, 128
3点曲げ試験　126
残留応力　91

【し】
ジェットエンジン　92
軸シールラビリンス　124
自己修復性　95
湿式めっき　3
自動車　100
自動車摺動部品　139
シフトフォーク　141
遮熱性　56
主桁　138
取水口　154
シュラウド　128
循環流動層ボイラ　107
衝撃エネルギー　79
焼結粉砕法　20
自溶合金　21, 26, 106, 143
蒸発器管　103, 106
消費エネルギー　144
ショットピーニング　3
シリンダヘッド　140
白さび　65
真空蒸着　3
シンクロナイザリング　141

【す】
水銀圧入法　47
水門　154
水力発電用ライナ　154
スクロール　117
ステンレス鋼　21
スパッタ　154
スパッタリング　3
スプラット　149
スプレーフォーミング　151
スポーツ車　141

【せ】
清浄化　24
青銅基材　130
石炭灰　103
絶縁破壊電圧　89
絶縁皮膜　89
切削　26
切削粉　127
切削摩耗　68, 80
接着剤　35, 36
セラミックス　11
線材　19
せん断密着強さ試験　35
線爆溶射　16

【そ】
造粒法　21
粗面化　25
粗面化処理　39, 141
粗面形成材　39, 63, 134, 135
粗面処理　63, 134

【た】
大気圧縮機　124
耐高温酸化性　54
耐酸化性　92
耐食性　62
体積抵抗率　90
耐熱性　48, 92
耐フレッティング性　92

耐摩耗性　68, 92, 99
多関節ロボット　120
多孔質　26
脱炭　88
縦割れ　84
タービン動翼　99
タービンハウジング　117
ターボ効率　59, 140
ターボコンプレッサ
　ハウジング　140
炭化クロム　103
炭化ケイ素　25
炭素量　88
断熱皮膜　53, 94

【ち】
チタン　21
地中埋設パイプライン　154
緻密化　95
鋳鋼　25
柱状晶化　94
チルド鋳鉄　110

【て】
ディーゼルエンジン　80
鉄鋼構造物　134
電解質　147
電気抵抗　47, 89
電極　147
電子ビーム物理蒸着　94
伝熱管　103, 106, 142, 152
天秤法　47
電離　13

【と】
銅基材　130
動ひずみエネルギー解放率　83
動翼　97
動翼前縁耐摩耗カバー　107
動力エネルギー　100
塗装　3, 62, 134
トップコート　94

索　　　　　引　　　157

【な】

内径ガン	120
難加工材	150
難燃焼材	128

【に】

ニアネットシェイプ	154
肉盛り	154
二酸化炭素	142
二色温度計	34
ニッケル-アルミニウム	21
ニッケル-クロム	21, 103

【ね】

熱応力	57, 94
熱可塑性樹脂	23
熱硬化性樹脂	23
熱効率	142
熱サイクル試験法	48
熱処理	26
熱ひずみ	48, 51
熱放射	33
熱量計	33
燃焼ガス	94
燃焼器	99
燃焼室	10
燃費	100

【は】

廃液処理	107
排気損失	100
ハウジング	140
破壊荷重	83
破壊靭性	82
爆発溶射	12
舶用ディーゼルエンジン	117
はく離	54
発火	128
バルブリフタ	140
バレル	10
パワーモジュール放熱基板	154

| 反射率 | 57 |
| 半導体製造装置 | 102 |

【ひ】

飛行速度	33
ピストンリング	140
ピストンリング溝	121
被切削試験装置	126
被切削性	59, 97
ビッカース硬さ	27, 76, 135, 153
引張応力	91
引張型ピンテスト	35, 40
引張残留応力	54
引張試験法	35
微粉炭焚ボイラ	106
皮膜除去法	30
比誘電率	90
ヒューム	5, 142
表面硬さ	37
表面溶融処理	4
疲労寿命	52
ピンオンディスク試験機	68

【ふ】

ファン	124
ファン動翼	99
フィン	128
封孔処理	26, 62, 134
封孔処理剤	26
物理蒸着法	3
部分安定化ジルコニア	147
フュージング処理	21, 26, 106, 143
フライアッシュ	107
プラスチックシート	44, 110, 114
プラスチック溶射	23, 154
ブラストエロージョン	68, 73
ブラストエロージョン摩耗試験	73, 109, 118
ブラスト材	5

ブラスト処理	25, 30, 31
プラズマ	13
プラズマジェット	13
プラズマ・YAGレーザ複合溶射	18
プラズマ溶射	13, 141
浮力法	47
フレーム溶射	7, 143
ブロックオンディスク試験機	68
雰囲気炉	29
粉末	20
粉末式フレーム溶射	8

【へ】

ベッド材	106, 142
変質	15, 87
扁平粒子	84, 130

【ほ】

ボイラ	142, 152
ボイラ火炉壁	106
棒材	20
防食	62
防食溶射	134, 138, 141
飽水法	47
ホウ素化合物	105
補修	30, 154
ホーニング	26
ホワイトアルミナ	25
ホワイトメタル	59, 124
ホワイトメタル皮膜	126
ボンディングコート法	25
ボンドコート	94

【ま】

マイクロ・ビッカース硬度計	45
曲げ密着性試験	35
摩擦係数	71, 135
摩擦損失	138
摩擦熱	133
摩耗速度	153

摩耗深さ 70	溶剤洗浄 24	【り】
摩耗粉 61, 80	溶射 6	離脱性 44
【み】	溶射距離 86, 149	硫化腐食 106
水プラズマ溶射 15	溶射材料 19	粒子間結合率 87
密着強度 51, 130, 134, 135	溶射条件 37	流動層内回転式摩耗試験 144
密着性 35	溶線式フレーム溶射 7, 135	りん酸塩処理 2
未溶融粒子 33	溶棒式フレーム溶射 8	【れ】
【め】	溶融処理 4	冷間研削 117
めっき 63	溶融めっき 3	冷却損失 100
面積率 48	予熱 40	レーザ処理 26
メンテナンスフリー 134	【ら】	レーザ2フォーカス法 33
【も】	ライニング 3, 154	レーザドップラー法 33
モリブデン 21	ライフサイクル 143	レーザ溶射 16
【や】	ライフサイクルアセスメント 142	【ろ】
焼付け 133	ライフサイクルコスト 63, 134	ろう付け 128
【ゆ】	ラッピング 26	六価クロム 107, 121
有限要素法 43	ラビリンスリング 128	ロール 110
【よ】	ランディングギヤ 124	【わ】
陽極酸化 2	ランニングコスト 116	割れ 76
	乱流堆積層 122	

【数字】	【H～N】	【O～T】
13Cr 鋼 105	HVAF 10	OAP 106
17Cr 鋼 105	HVOF 10	PVD 3
【A～F】	JIS 溶射 137	SiO_2 95
Al_2O_3 酸化層 94	JIS 溶射法 134, 135	SOFC 146
Al/Si-ポリエステル皮膜 59, 126	LCA 142	TBC 53, 94
CO_2 レーザ 16	LCC 63, 134	TDCB 試験法 82
CVD 3	LPPS 15	TGO 94
DCB 試験法 82	LTP 23	【W・Z】
EB-PVD 94	Mo 140, 141	WC-12% Co 皮膜 112
EPMA 線分析 47	$MoSi_2$ 95	WC-Co 皮膜 124
FCD400 80	MS (metal spray) 工法 134, 137, 138	Zn/Al 擬合金 135
	Ni_3B 28	
	NiCrAlY 95	

―― 著者略歴 ――

1975 年　大阪大学工学部生産加工学科卒業
1977 年　大阪大学大学院修士課程修了（生産加工学専攻）
1977 年　石川島播磨重工業株式会社勤務
1996 年　工学博士（大阪大学）
2006 年　産業技術総合研究所客員研究員兼任
2007 年　芝浦工業大学教授
2009 年　山梨大学教授
　　　　 現在に至る

溶射技術とその応用
―― 耐熱性・耐摩耗性・耐食性の実現のために ――
Thermal Spray Technique and it's Application to Many Machines
― In order to Perform The Heat-Resistant, Erosion-Resistant and
　Corrosion-Resistant Properties ―

　　　　　　　　　　　　　　　　　　Ⓒ Keiji Sonoya 2013

2013 年 9 月 27 日　初版第 1 刷発行　　　　　　　　　　★

検印省略	著　者	園　家　啓　嗣
	発行者	株式会社　コロナ社
	代表者	牛　来　真　也
	印刷所	萩原印刷株式会社

112-0011　東京都文京区千石 4-46-10
発行所　株式会社　コロナ社
CORONA PUBLISHING CO., LTD.
Tokyo Japan
振替 00140-8-14844・電話(03)3941-3131(代)
ホームページ http://www.coronasha.co.jp

ISBN 978-4-339-04634-2　　（高橋）　　（製本：愛千製本所）
Printed in Japan

本書のコピー，スキャン，デジタル化等の
無断複製・転載は著作権法上での例外を除
き禁じられております。購入者以外の第三
者による本書の電子データ化及び電子書籍
化は，いかなる場合も認めておりません。

落丁・乱丁本はお取替えいたします

機械系 大学講義シリーズ

(各巻A5判，欠番は品切です)

- ■編集委員長　藤井澄二
- ■編集委員　臼井英治・大路清嗣・大橋秀雄・岡村弘之
  　　　　　　黒崎晏夫・下郷太郎・田島清瀬・得丸英勝

配本順		著者	頁	定価
1. (21回)	材　料　力　学	西谷・弘信著	190	2415円
3. (3回)	弾　　性　　学	阿部・関根共著	174	2415円
5. (27回)	材　料　強　度	大路・中井共著	222	2940円
6. (6回)	機　械　材　料　学	須藤　一著	198	2625円
9. (17回)	コンピュータ機械工学	矢川・金山共著	170	2100円
10. (5回)	機　械　力　学	三輪・坂田共著	210	2415円
11. (24回)	振　　動　　学	下郷・田島共著	204	2625円
12. (26回)	改訂 機　構　学	安田仁彦著	244	2940円
13. (18回)	流体力学の基礎（1）	中林・伊藤・鬼頭共著	186	2310円
14. (19回)	流体力学の基礎（2）	中林・伊藤・鬼頭共著	196	2415円
15. (16回)	流　体　機　械　の　基　礎	井上・鎌田共著	232	2625円
17. (13回)	工　業　熱　力　学（1）	伊藤・山下共著	240	2835円
18. (20回)	工　業　熱　力　学（2）	伊藤猛宏著	302	3465円
19. (7回)	燃　焼　工　学	大竹・藤原共著	226	2835円
20. (28回)	伝　熱　工　学	黒崎・佐藤共著	218	3150円
21. (14回)	蒸　気　原　動　機	谷口・工藤共著	228	2835円
23. (23回)	改訂 内　燃　機　関	廣安・實諾・大山共著	240	3150円
24. (11回)	溶　融　加　工　学	大中・荒木共著	268	3150円
25. (25回)	工作機械工学（改訂版）	伊東・森脇共著	254	2940円
27. (4回)	機　械　加　工　学	中島・鳴瀧共著	242	2940円
28. (12回)	生　産　工　学	岩田・中沢共著	210	2625円
29. (10回)	制　御　工　学	須田信英著	268	2940円
31. (22回)	システム工学	足立・酒井・髙橋・飯國共著	224	2835円

以　下　続　刊

22.　原子力エネルギー工学　有冨・齊藤共著　　30.　計　測　工　学　山本・宮城共著

定価は本体価格＋税5％です。
定価は変更されることがありますのでご了承下さい。

図書目録進呈◆